スパイラル　数

解答編

1 (1) $(x+4)^3$
$=x^3+3\times x^2\times 4+3\times x\times 4^2+4^3$
$=\boldsymbol{x^3+12x^2+48x+64}$

(2) $(x-5)^3$
$=x^3-3\times x^2\times 5+3\times x\times 5^2-5^3$
$=\boldsymbol{x^3-15x^2+75x-125}$

(3) $(2x+3)^3$
$=(2x)^3+3\times(2x)^2\times 3+3\times 2x\times 3^2+3^3$
$=\boldsymbol{8x^3+36x^2+54x+27}$

(4) $(3x-1)^3$
$=(3x)^3-3\times(3x)^2\times 1+3\times 3x\times 1^2-1^3$
$=\boldsymbol{27x^3-27x^2+9x-1}$

(5) $(3x+2y)^3$
$=(3x)^3+3\times(3x)^2\times 2y+3\times 3x\times(2y)^2+(2y)^3$
$=\boldsymbol{27x^3+54x^2y+36xy^2+8y^3}$

(6) $(-x+2y)^3$
$=(-x)^3+3\times(-x)^2\times 2y+3\times(-x)\times(2y)^2+(2y)^3$
$=\boldsymbol{-x^3+6x^2y-12xy^2+8y^3}$

2 (1) $(x+4)(x^2-4x+16)$
$=(x+4)(x^2-x\times 4+4^2)$
$=x^3+4^3=\boldsymbol{x^3+64}$

(2) $(x-2)(x^2+2x+4)$
$=(x-2)(x^2+x\times 2+2^2)$
$=x^3-2^3=\boldsymbol{x^3-8}$

(3) $(3x+2y)(9x^2-6xy+4y^2)$
$=(3x+2y)\{(3x)^2-3x\times 2y+(2y)^2\}$
$=(3x)^3+(2y)^3=\boldsymbol{27x^3+8y^3}$

(4) $(2x-5y)(4x^2+10xy+25y^2)$
$=(2x-5y)\{(2x)^2+2x\times 5y+(5y)^2\}$
$=(2x)^3-(5y)^3=\boldsymbol{8x^3-125y^3}$

(5) $(a-3b)(a^2+3ab+9b^2)$
$=(a-3b)\{a^2+a\times 3b+(3b)^2\}$
$=a^3-(3b)^3=\boldsymbol{a^3-27b^3}$

(6) $(4a+3b)(16a^2-12ab+9b^2)$
$=(4a+3b)\{(4a)^2-4a\times 3b+(3b)^2\}$
$=(4a)^3+(3b)^3=\boldsymbol{64a^3+27b^3}$

3 (1) $x^3-27=x^3-3^3$
$=(x-3)(x^2+x\times 3+3^2)$
$=\boldsymbol{(x-3)(x^2+3x+9)}$

(2) $x^3+8y^3=x^3+(2y)^3$
$=(x+2y)\{x^2-x\times 2y+(2y)^2\}$
$=\boldsymbol{(x+2y)(x^2-2xy+4y^2)}$

(3) $8x^3+125=(2x)^3+5^3$
$=(2x+5)\{(2x)^2-2x\times 5+5^2\}$
$=\boldsymbol{(2x+5)(4x^2-10x+25)}$

(4) $64x^3-125y^3$
$=(4x)^3-(5y)^3$
$=(4x-5y)\{(4x)^2+4x\times 5y+(5y)^2\}$
$=\boldsymbol{(4x-5y)(16x^2+20xy+25y^2)}$

(5) $64a^3+1=(4a)^3+1^3$
$=(4a+1)\{(4a)^2-4a\times 1+1^2\}$
$=\boldsymbol{(4a+1)(16a^2-4a+1)}$

(6) $1-a^3=1^3-a^3$
$=(1-a)(1^2+1\times a+a^2)$
$=\boldsymbol{(1-a)(a^2+a+1)}$

4 (1) $\left(3x-\dfrac{1}{3}\right)^3$
$=(3x)^3-3\times(3x)^2\times\dfrac{1}{3}+3\times 3x\times\left(\dfrac{1}{3}\right)^2-\left(\dfrac{1}{3}\right)^3$
$=\boldsymbol{27x^3-9x^2+x-\dfrac{1}{27}}$

(2) $(a+b+1)^3$
$=\{(a+b)+1\}^3$
$=(a+b)^3+3(a+b)^2\times 1+3(a+b)\times 1^2+1^3$
$=\boldsymbol{a^3+3a^2b+3ab^2+b^3+3a^2+6ab+3b^2}$
$\boldsymbol{+3a+3b+1}$

5 (1) $\left(x-\dfrac{1}{2}\right)\left(x^2+\dfrac{x}{2}+\dfrac{1}{4}\right)$
$=\left(x-\dfrac{1}{2}\right)\left\{x^2+x\times\dfrac{1}{2}+\left(\dfrac{1}{2}\right)^2\right\}$
$=x^3-\left(\dfrac{1}{2}\right)^3=\boldsymbol{x^3-\dfrac{1}{8}}$

(2) $(a-2)^2(a^2+2a+4)^2$
$=\{(a-2)(a^2+a\times 2+2^2)\}^2$
$=(a^3-2^3)^2$
$=(a^3-8)^2$
$=\boldsymbol{a^6-16a^3+64}$

(3) $(a+2b)(a-2b)(a^2+2ab+4b^2)\times(a^2-2ab+4b^2)$

$=(a+2b)(a^2-2ab+4b^2)\times(a-2b)(a^2+2ab+4b^2)$

$=(a^3+8b^3)(a^3-8b^3)$

$=\boldsymbol{a^6-64b^6}$

6 (1) $3x^3+24y^3=3(x^3+8y^3)$

$=3\{x^3+(2y)^3\}$

$=\boldsymbol{3(x+2y)(x^2-2xy+4y^2)}$

(2) $27ax^3-a=a(27x^3-1)$

$=a\{(3x)^3-1^3\}$

$=\boldsymbol{a(3x-1)(9x^2+3x+1)}$

(3) $a^3-\frac{1}{8}b^3=a^3-\left(\frac{1}{2}b\right)^3$

$=\left(a-\frac{1}{2}b\right)\left\{a^2+a\times\frac{1}{2}b+\left(\frac{1}{2}b\right)^2\right\}$

$=\boldsymbol{\left(a-\frac{1}{2}b\right)\left(a^2+\frac{1}{2}ab+\frac{1}{4}b^2\right)}$

(4) $x^3-\frac{8}{27}=x^3-\left(\frac{2}{3}\right)^3$

$=\left(x-\frac{2}{3}\right)\left\{x^2+x\times\frac{2}{3}+\left(\frac{2}{3}\right)^2\right\}$

$=\boldsymbol{\left(x-\frac{2}{3}\right)\left(x^2+\frac{2}{3}x+\frac{4}{9}\right)}$

(5) $(x-y)^3+27$

$=(x-y)^3+3^3$

$=\{(x-y)+3\}\{(x-y)^2-(x-y)\times3+3^2\}$

$=\boldsymbol{(x-y+3)(x^2-2xy+y^2-3x+3y+9)}$

(6) $(2x+1)^3-8$

$=(2x+1)^3-2^3$

$=\{(2x+1)-2\}\{(2x+1)^2+(2x+1)\times2+2^2\}$

$=\boldsymbol{(2x-1)(4x^2+8x+7)}$

7 (1) $x^3-x^2y-2xy^2+8y^3$

$=x^3+8y^3-(x^2y+2xy^2)$

$=(x+2y)(x^2-2xy+4y^2)-xy(x+2y)$

$=(x+2y)\{(x^2-2xy+4y^2)-xy\}$

$=\boldsymbol{(x+2y)(x^2-3xy+4y^2)}$

(2) $a^3-4a^2b+12ab^2-27b^3$

$=a^3-27b^3-(4a^2b-12ab^2)$

$=(a-3b)(a^2+3ab+9b^2)-4ab(a-3b)$

$=(a-3b)\{(a^2+3ab+9b^2)-4ab\}$

$=\boldsymbol{(a-3b)(a^2-ab+9b^2)}$

8 (1) $x^3=t$ とおくと　$x^6=t^2$　よって

x^6-26x^3-27

$=t^2-26t-27$

$=(t+1)(t-27)$

$=(x^3+1)(x^3-27)$

$=(x+1)(x^2-x+1)(x-3)(x^2+3x+9)$

$=\boldsymbol{(x+1)(x-3)(x^2-x+1)(x^2+3x+9)}$

(2) $a^3=t$, $b^3=s$ とおくと　$a^6=t^2$, $b^6=s^2$

よって

a^6-b^6

$=t^2-s^2$

$=(t+s)(t-s)$

$=(a^3+b^3)(a^3-b^3)$

$=(a+b)(a^2-ab+b^2)(a-b)(a^2+ab+b^2)$

$=\boldsymbol{(a+b)(a-b)(a^2-ab+b^2)(a^2+ab+b^2)}$

9 (1) $(a+3)^4$

$=a^4+4a^3\times3+6a^2\times3^2+4a\times3^3+3^4$

$=\boldsymbol{a^4+12a^3+54a^2+108a+81}$

(2) $(x+y)^7=\boldsymbol{x^7+7x^6y+21x^5y^2+35x^4y^3+35x^3y^4+21x^2y^5+7xy^6+y^7}$

```
            1   1
          1   2   1
        1   3   3   1
      1   4   6   4   1
    1   5  10  10   5   1
  1   6  15  20  15   6   1
1   7  21  35  35  21   7   1
```

10 (1) $(a+3b)^5$

$={}_5C_0a^5+{}_5C_1a^4(3b)+{}_5C_2a^3(3b)^2+{}_5C_3a^2(3b)^3+{}_5C_4a(3b)^4+{}_5C_5(3b)^5$

$=\boldsymbol{a^5+15a^4b+90a^3b^2+270a^2b^3+405ab^4+243b^5}$

(2) $(x-2)^6$

$={}_6C_0x^6+{}_6C_1x^5(-2)+{}_6C_2x^4(-2)^2+{}_6C_3x^3(-2)^3+{}_6C_4x^2(-2)^4+{}_6C_5x(-2)^5+{}_6C_6(-2)^6$

$=\boldsymbol{x^6-12x^5+60x^4-160x^3+240x^2-192x+64}$

(3) $(2x-y)^5$

$={}_5C_0(2x)^5+{}_5C_1(2x)^4(-y)+{}_5C_2(2x)^3(-y)^2+{}_5C_3(2x)^2(-y)^3+{}_5C_4\cdot2x(-y)^4+{}_5C_5(-y)^5$

$=\boldsymbol{32x^5-80x^4y+80x^3y^2-40x^2y^3+10xy^4-y^5}$

(4) $(3x-2y)^4$

$={}_4C_0(3x)^4+{}_4C_1(3x)^3(-2y)+{}_4C_2(3x)^2(-2y)^2+{}_4C_3\cdot3x(-2y)^3+{}_4C_4(-2y)^4$

$=\boldsymbol{81x^4-216x^3y+216x^2y^2-96xy^3+16y^4}$

11 (1) $(3x+2)^5$ の展開式の一般項は

$${}_5C_r(3x)^{5-r}2^r={}_5C_r\times3^{5-r}\times2^rx^{5-r}$$

ここで，x^{5-r} の項が x^2 となるのは，$r=3$ のときである。

よって，求める係数は

$${}_5C_3\times3^{5-3}\times2^3=\frac{5\times4\times3}{3\times2\times1}\times9\times8=\mathbf{720}$$

(2) $(2x-3)^6$ の展開式の一般項は

$${}_6C_r(2x)^{6-r}(-3)^r={}_6C_r\times2^{6-r}\times(-3)^rx^{6-r}$$

ここで，x^{6-r} の項が x^4 となるのは，$r=2$ のときである。

よって，求める係数は

$${}_6C_2\times2^{6-2}\times(-3)^2=\frac{6\times5}{2\times1}\times16\times9=\mathbf{2160}$$

(3) $(x-2y)^7$ の展開式の一般項は

$${}_7C_rx^{7-r}(-2y)^r={}_7C_r\times(-2)^rx^{7-r}y^r$$

ここで，$x^{7-r}y^r$ の項が x^5y^2 となるのは，$r=2$ のときである。

よって，求める係数は

$${}_7C_2\times(-2)^2=\frac{7\times6}{2\times1}\times4=\mathbf{84}$$

(4) $(x^2-y)^8$ の展開式の一般項は

$${}_8C_r(x^2)^{8-r}(-y)^r={}_8C_r\times(-1)^rx^{16-2r}y^r$$

ここで，$x^{16-2r}y^r$ の項が $x^{10}y^3$ となるのは，$r=3$ のときである。

よって，求める係数は

$${}_8C_3\times(-1)^3=\frac{8\times7\times6}{3\times2\times1}\times(-1)=\mathbf{-56}$$

12 $\left(x+\frac{1}{x}\right)^6$

$$={}_6C_0x^6+{}_6C_1x^5\times\frac{1}{x}+{}_6C_2x^4\left(\frac{1}{x}\right)^2$$
$$+{}_6C_3x^3\left(\frac{1}{x}\right)^3+{}_6C_4x^2\left(\frac{1}{x}\right)^4$$
$$+{}_6C_5x\left(\frac{1}{x}\right)^5+{}_6C_6\left(\frac{1}{x}\right)^6$$
$$=\boldsymbol{x^6+6x^4+15x^2+20+\frac{15}{x^2}+\frac{6}{x^4}+\frac{1}{x^6}}$$

13 (1) 二項定理

$$(a+b)^n={}_nC_0a^n+{}_nC_1a^{n-1}b+{}_nC_2a^{n-2}b^2+\cdots\cdots+{}_nC_nb^n$$

において，$a=1$，$b=3$ とおくと

$$(1+3)^n={}_nC_0\cdot1^n+{}_nC_1\cdot1^{n-1}\cdot3+{}_nC_2\cdot1^{n-2}\cdot3^2+\cdots\cdots+{}_nC_n\cdot3^n$$

よって

$${}_nC_0+3{}_nC_1+3^2{}_nC_2+\cdots\cdots+3^n{}_nC_n=4^n$$

(2) 二項定理

$$(a+b)^n={}_nC_0a^n+{}_nC_1a^{n-1}b+{}_nC_2a^{n-2}b^2+\cdots\cdots+{}_nC_nb^n$$

において，$a=1$，$b=-\frac{1}{2}$ とおくと

$$\left(1-\frac{1}{2}\right)^n={}_nC_0\cdot1^n+{}_nC_1\cdot1^{n-1}\cdot\left(-\frac{1}{2}\right)+{}_nC_2\cdot1^{n-2}\cdot\left(-\frac{1}{2}\right)^2+\cdots\cdots+{}_nC_n\cdot\left(-\frac{1}{2}\right)^n$$

よって

$${}_nC_0-\frac{{}_nC_1}{2}+\frac{{}_nC_2}{2^2}-\cdots\cdots+(-1)^n\cdot\frac{{}_nC_n}{2^n}=\left(\frac{1}{2}\right)^n$$

(3) 二項定理

$$(a+b)^{2n}={}_{2n}C_0a^{2n}+{}_{2n}C_1a^{2n-1}b+{}_{2n}C_2a^{2n-2}b^2+{}_{2n}C_3a^{2n-3}b^3+\cdots\cdots+{}_{2n}C_{2n-1}ab^{2n-1}+{}_{2n}C_{2n}b^{2n}$$

において，$a=1$，$b=-1$ とおくと

$$(1-1)^{2n}={}_{2n}C_0\cdot1^{2n}+{}_{2n}C_1\cdot1^{2n-1}\cdot(-1)+{}_{2n}C_2\cdot1^{2n-2}\cdot(-1)^2+{}_{2n}C_3\cdot1^{2n-3}\cdot(-1)^3+\cdots\cdots+{}_{2n}C_{2n-1}\cdot1\cdot(-1)^{2n-1}+{}_{2n}C_{2n}\cdot(-1)^{2n}$$

よって

$$0={}_{2n}C_0-{}_{2n}C_1+{}_{2n}C_2-{}_{2n}C_3+\cdots\cdots-{}_{2n}C_{2n-1}+{}_{2n}C_{2n}$$

ゆえに

$${}_{2n}C_0+{}_{2n}C_2+\cdots\cdots+{}_{2n}C_{2n}={}_{2n}C_1+{}_{2n}C_3+\cdots\cdots+{}_{2n}C_{2n-1}$$

14 (1) $\{(2a-b)+c\}^5$ を展開したときの一般項は

$${}_5C_r(2a-b)^{5-r}c^r$$

c の次数が 2 になるのは $r=2$ のときである。

ゆえに，ab^2c^2 の項は ${}_5C_2(2a-b)^3c^2$ の展開式に現れる。

ここで，$(2a-b)^3$ を展開したときの ab^2 の係数は

$${}_3C_2\times2\times(-1)^2=6$$

したがって，求める ab^2c^2 の項の係数は

$${}_5C_2\times6=\mathbf{60}$$

別解 $(2a-b+c)^5$ の展開式における $(2a)^1(-b)^2c^2$ の項は

$$\frac{5!}{1!2!2!}\times2\times(-1)^2ab^2c^2=60ab^2c^2$$

よって，求める係数は **60**

(2) $\{(x-3y)-2z\}^6$ を展開したときの一般項は

$${}_6C_r(x-3y)^{6-r}(-2z)^r$$

z の次数が 5 になるのは $r=5$ のときである。

ゆえに，xz^5 の項は ${}_6C_5(x-3y)(-2z)^5$ の展開

式に現れる。

したがって，求める xz^5 の項の係数は

$${}_6C_5\times(-2)^5=\mathbf{-192}$$

別解 $(x-3y-2z)^6$ の展開式における

$x^1(-3y)^0(-2z)^5$ の項は

$$\frac{6!}{1!0!5!}\times(-2)^5xz^5=-192xz^5$$

よって，求める係数は　**−192**

15

(1)

$$\begin{array}{r}
2x\ -1\\
x+3\,\overline{)\,2x^2+5x-6}\\
\underline{2x^2+6x}\\
-x-6\\
\underline{-x-3}\\
-3
\end{array}$$

商は $\boldsymbol{2x-1}$，余りは $\mathbf{-3}$

(2)

$$\begin{array}{r}
x\ +1\\
3x+1\,\overline{)\,3x^2+4x-6}\\
\underline{3x^2+\ x}\\
3x-6\\
\underline{3x+1}\\
-7
\end{array}$$

商は $\boldsymbol{x+1}$，余りは $\mathbf{-7}$

(3)

$$\begin{array}{r}
x^2-\ x\ +2\\
x-2\,\overline{)\,x^3-3x^2+4x+1}\\
\underline{x^3-2x^2}\\
-x^2+4x\\
\underline{-x^2+2x}\\
2x+1\\
\underline{2x-4}\\
5
\end{array}$$

商は $\boldsymbol{x^2-x+2}$，余りは $\mathbf{5}$

(4)

$$\begin{array}{r}
x^2-2x\ +1\\
4x+3\,\overline{)\,4x^3-5x^2-2x+3}\\
\underline{4x^3+3x^2}\\
-8x^2-2x\\
\underline{-8x^2-6x}\\
4x+3\\
\underline{4x+3}\\
0
\end{array}$$

商は $\boldsymbol{x^2-2x+1}$，余りは $\mathbf{0}$

(5)

$$\begin{array}{r}
2x^2+\ x\ +1\\
2x-1\,\overline{)\,4x^3+x+2}\\
\underline{4x^3-2x^2}\\
2x^2+x\\
\underline{2x^2-x}\\
2x+2\\
\underline{2x-1}\\
3
\end{array}$$

商は $\boldsymbol{2x^2+x+1}$，余りは $\mathbf{3}$

16

(1)

$$\begin{array}{r}
3x\ +4\\
x^2-2x-2\,\overline{)\,3x^3-2x^2+\ x-1}\\
\underline{3x^3-6x^2-6x}\\
4x^2+7x-1\\
\underline{4x^2-8x-8}\\
15x+7
\end{array}$$

商は $\boldsymbol{3x+4}$，余りは $\boldsymbol{15x+7}$

(2)

$$\begin{array}{r}
2x\ -3\\
x^2-2x+1\,\overline{)\,2x^3-7x^2+3}\\
\underline{2x^3-4x^2+2x}\\
-3x^2-2x+3\\
\underline{-3x^2+6x-3}\\
-8x+6
\end{array}$$

商は $\boldsymbol{2x-3}$，余りは $\boldsymbol{-8x+6}$

(3)

$$\begin{array}{r}
x\ -2\\
2x^2+4x-3\,\overline{)\,2x^3-8x+7}\\
\underline{2x^3+4x^2-3x}\\
-4x^2-5x+7\\
\underline{-4x^2-8x+6}\\
3x+1
\end{array}$$

商は $\boldsymbol{x-2}$，余りは $\boldsymbol{3x+1}$

(4)

$$\begin{array}{r}
2x\ +3\\
x^2+2\,\overline{)\,2x^3+3x^2+6}\\
\underline{2x^3+4x}\\
3x^2-4x+6\\
\underline{3x^2+6}\\
-4x
\end{array}$$

商は $\boldsymbol{2x+3}$，余りは $\boldsymbol{-4x}$

17

(1) 整式の除法の関係式より

$$A=(x+3)(x^2+2x-3)+5$$
$$=\boldsymbol{x^3+5x^2+3x-4}$$

(2) 整式の除法の関係式より

$$A=(x^2-3x-4)(x+1)+(2x+3)$$
$$=\boldsymbol{x^3-2x^2-5x-1}$$

18 (1) 整式の除法の関係式より

$x^2-4x-6=B\times(x-6)+6$

$x^2-4x-12=B\times(x-6)$

よって，$x^2-4x-12$ を $x-6$ で割って

$$
\begin{array}{r}
x+2 \\
x-6\,\overline{)\,x^2-4x-12} \\
\underline{x^2-6x} \\
2x-12 \\
\underline{2x-12} \\
0
\end{array}
\quad \boldsymbol{B=x+2}
$$

(2) 整式の除法の関係式より

$2x^3-x^2+3x-1=B\times(2x+1)-3$

$2x^3-x^2+3x+2=B\times(2x+1)$

よって，$2x^3-x^2+3x+2$ を $2x+1$ で割って

$$
\begin{array}{r}
x^2-x+2 \\
2x+1\,\overline{)\,2x^3-x^2+3x+2} \\
\underline{2x^3+x^2} \\
-2x^2+3x \\
\underline{-2x^2-x} \\
4x+2 \\
\underline{4x+2} \\
0
\end{array}
\quad \boldsymbol{B=x^2-x+2}
$$

(3) 整式の除法の関係式より

$6x^3-5x^2-3x+7=B\times(2x^2-3x+1)+5$

$6x^3-5x^2-3x+2=B\times(2x^2-3x+1)$

よって，$6x^3-5x^2-3x+2$ を $2x^2-3x+1$ で割って

$$
\begin{array}{r}
3x+2 \\
2x^2-3x+1\,\overline{)\,6x^3-5x^2-3x+2} \\
\underline{6x^3-9x^2+3x} \\
4x^2-6x+2 \\
\underline{4x^2-6x+2} \\
0
\end{array}
\quad \boldsymbol{B=3x+2}
$$

(4) 整式の除法の関係式より

$x^3-x^2-3x+1=B\times(x-2)+(-3x+5)$

$x^3-x^2-4=B\times(x-2)$

よって，x^3-x^2-4 を $x-2$ で割って

$$
\begin{array}{r}
x^2+x+2 \\
x-2\,\overline{)\,x^3-x^2-4} \\
\underline{x^3-2x^2} \\
x^2 \\
\underline{x^2-2x} \\
2x-4 \\
\underline{2x-4} \\
0
\end{array}
\quad \boldsymbol{B=x^2+x+2}
$$

19 整式の除法の関係式より，A を $x-3$ で割ると，商が Q で余りが 5 であるから

$A=(x-3)Q+5$ ……①

Q を $x+2$ で割ると，商が $2x+1$ で余りが -4 であるから

$Q=(x+2)(2x+1)-4$

$=2x^2+5x-2$

①に代入して

$A=(x-3)(2x^2+5x-2)+5$

$=\boldsymbol{2x^3-x^2-17x+11}$

20 整式の除法の関係式より，A を $x-1$ で割ると，商が Q で余りが 1 であるから

$A=(x-1)\times Q+1$ ……①

Q を x^2+1 で割ると，商が $x+1$ で余りが $x-2$ であるから

$Q=(x^2+1)(x+1)+(x-2)=x^3+x^2+2x-1$

①に代入して

$A=(x-1)(x^3+x^2+2x-1)+1$

$=\boldsymbol{x^4+x^2-3x+2}$

21 (1)

$$
\begin{array}{r}
x-3y \\
x+y\,\overline{)\,x^2-2yx-3y^2} \\
\underline{x^2+yx} \\
-3yx-3y^2 \\
\underline{-3yx-3y^2} \\
0
\end{array}
$$

商は $\boldsymbol{x-3y}$，余りは **0**

(2)

$$
\begin{array}{r}
x+y \\
3x-y\,\overline{)\,3x^2+2yx+y^2} \\
\underline{3x^2-yx} \\
3yx+y^2 \\
\underline{3yx-y^2} \\
2y^2
\end{array}
$$

商は $\boldsymbol{x+y}$，余りは $\boldsymbol{2y^2}$

(3)

$$
\begin{array}{r}
x^2+2yx-2y^2 \\
x-2y\,\overline{)\,x^3-6y^2x+5y^3} \\
\underline{x^3-2yx^2} \\
2yx^2-6y^2x \\
\underline{2yx^2-4y^2x} \\
-2y^2x+5y^3 \\
\underline{-2y^2x+4y^3} \\
y^3
\end{array}
$$

商は $\boldsymbol{x^2+2yx-2y^2}$，余りは $\boldsymbol{y^3}$

(4)
$$\begin{array}{r}
x-y \\
x^2+2yx+3y^2\,\big)\,\overline{x^3+yx^2+y^2x-3y^3} \\
\underline{x^3+2yx^2+3y^2x} \\
-yx^2-2y^2x-3y^3 \\
\underline{-yx^2-2y^2x-3y^3} \\
0
\end{array}$$

商は $\boldsymbol{x-y}$，余りは $\mathbf{0}$

(5)
$$\begin{array}{r}
x+2y \\
x^2-yx+y^2\,\big)\,\overline{x^3+yx^2-y^2x+y^3} \\
\underline{x^3-yx^2+y^2x} \\
2yx^2-2y^2x+y^3 \\
\underline{2yx^2-2y^2x+2y^3} \\
-y^3
\end{array}$$

商は $\boldsymbol{x+2y}$，余りは $\boldsymbol{-y^3}$

22

$$\begin{array}{r}
x+(a-4) \\
x^2+4x+4\,\big)\,\overline{x^3+ax^2+b} \\
\underline{x^3+4x^2+4x} \\
(a-4)x^2-4x+b \\
\underline{(a-4)x^2+4(a-4)x+4(a-4)} \\
(-4a+12)x-4a+b+16
\end{array}$$

割り切れるとき，余りは 0 であるから

$$\begin{cases} -4a+12=0 & \cdots\cdots① \\ -4a+b+16=0 & \cdots\cdots② \end{cases}$$

①より　$a=3$

②に代入して　$b=-4$

よって　$\boldsymbol{a=3,\ b=-4}$

23

(1) $\dfrac{6x^3y}{8x^2y^3}=\boldsymbol{\dfrac{3x}{4y^2}}$

(2) $\dfrac{21x^2y^5}{15x^4y^3}=\boldsymbol{\dfrac{7y^2}{5x^2}}$

(3) $\dfrac{3x+6}{x^2+4x+4}=\dfrac{3(x+2)}{(x+2)^2}=\boldsymbol{\dfrac{3}{x+2}}$

(4) $\dfrac{x^2-4}{x^2-3x+2}=\dfrac{(x+2)(x-2)}{(x-1)(x-2)}=\boldsymbol{\dfrac{x+2}{x-1}}$

(5) $\dfrac{x^2-2x-3}{2x^2+x-1}=\dfrac{(x+1)(x-3)}{(x+1)(2x-1)}=\boldsymbol{\dfrac{x-3}{2x-1}}$

(6) $\dfrac{x^2-9}{3x^2+11x+6}=\dfrac{(x+3)(x-3)}{(x+3)(3x+2)}=\boldsymbol{\dfrac{x-3}{3x+2}}$

24

(1) $\dfrac{5x-3}{4(x+2)}\times\dfrac{x+2}{(x+1)(5x-3)}$

$=\boldsymbol{\dfrac{1}{4(x+1)}}$

(2) $\dfrac{x+4}{x^2-4}\times\dfrac{x+2}{x^2+4x}$

$=\dfrac{x+4}{(x+2)(x-2)}\times\dfrac{x+2}{x(x+4)}=\boldsymbol{\dfrac{1}{x(x-2)}}$

(3) $\dfrac{x^2-9}{x+2}\div\dfrac{2x-6}{x^2+2x}$

$=\dfrac{x^2-9}{x+2}\times\dfrac{x^2+2x}{2x-6}$

$=\dfrac{(x+3)(x-3)}{x+2}\times\dfrac{x(x+2)}{2(x-3)}=\boldsymbol{\dfrac{x(x+3)}{2}}$

(4) $\dfrac{x^2-2x+1}{3x^2+5x+2}\div\dfrac{x^3-1}{3x^2-4x-4}$

$=\dfrac{x^2-2x+1}{3x^2+5x+2}\times\dfrac{3x^2-4x-4}{x^3-1}$

$=\dfrac{(x-1)^2}{(3x+2)(x+1)}\times\dfrac{(3x+2)(x-2)}{(x-1)(x^2+x+1)}$

$=\boldsymbol{\dfrac{(x-1)(x-2)}{(x+1)(x^2+x+1)}}$

25

(1) $\dfrac{x+2}{x+3}+\dfrac{x+4}{x+3}=\dfrac{x+2+x+4}{x+3}$

$=\dfrac{2x+6}{x+3}$

$=\dfrac{2(x+3)}{x+3}=\mathbf{2}$

(2) $\dfrac{2x+6}{x-1}-\dfrac{3x+5}{x-1}=\dfrac{2x+6-(3x+5)}{x-1}$

$=\dfrac{-x+1}{x-1}$

$=\dfrac{-(x-1)}{x-1}=\mathbf{-1}$

(3) $\dfrac{x^2}{x^2-x-6}+\dfrac{2x}{x^2-x-6}=\dfrac{x^2+2x}{x^2-x-6}$

$=\dfrac{x(x+2)}{(x+2)(x-3)}=\boldsymbol{\dfrac{x}{x-3}}$

(4) $\dfrac{x^2}{3x^2+2x-1}-\dfrac{2x+3}{3x^2+2x-1}$

$=\dfrac{x^2-(2x+3)}{3x^2+2x-1}=\dfrac{x^2-2x-3}{3x^2+2x-1}$

$=\dfrac{(x+1)(x-3)}{(3x-1)(x+1)}=\boldsymbol{\dfrac{x-3}{3x-1}}$

26

(1) $\dfrac{3}{x+3}+\dfrac{5}{x-5}$

$=\dfrac{3(x-5)}{(x+3)(x-5)}+\dfrac{5(x+3)}{(x+3)(x-5)}$

$=\dfrac{3(x-5)+5(x+3)}{(x+3)(x-5)}$

$=\dfrac{3x-15+5x+15}{(x+3)(x-5)}=\boldsymbol{\dfrac{8x}{(x+3)(x-5)}}$

(2) $\dfrac{x-1}{x-2}-\dfrac{x}{x+1}$

$=\dfrac{(x-1)(x+1)}{(x-2)(x+1)}-\dfrac{x(x-2)}{(x-2)(x+1)}$

$=\dfrac{(x-1)(x+1)-x(x-2)}{(x-2)(x+1)}$

$=\dfrac{x^2-1-x^2+2x}{(x-2)(x+1)}=\dfrac{\mathbf{2x-1}}{\mathbf{(x-2)(x+1)}}$

27 (1) $\dfrac{1}{x(x+1)}+\dfrac{1}{(x+1)(x+2)}$

$=\dfrac{x+2}{x(x+1)(x+2)}+\dfrac{x}{x(x+1)(x+2)}$

$=\dfrac{x+2+x}{x(x+1)(x+2)}$

$=\dfrac{2x+2}{x(x+1)(x+2)}$

$=\dfrac{2(x+1)}{x(x+1)(x+2)}=\dfrac{\mathbf{2}}{\mathbf{x(x+2)}}$

別解 $\dfrac{1}{x(x+1)}+\dfrac{1}{(x+1)(x+2)}$

$=\left(\dfrac{1}{x}-\dfrac{1}{x+1}\right)+\left(\dfrac{1}{x+1}-\dfrac{1}{x+2}\right)$

$=\dfrac{1}{x}-\dfrac{1}{x+2}$

$=\dfrac{x+2-x}{x(x+2)}$

$=\dfrac{\mathbf{2}}{\mathbf{x(x+2)}}$

(2) $\dfrac{2}{x^2-4x-5}-\dfrac{1}{x^2-x-2}$

$=\dfrac{2}{(x+1)(x-5)}-\dfrac{1}{(x+1)(x-2)}$

$=\dfrac{2(x-2)}{(x+1)(x-2)(x-5)}-\dfrac{x-5}{(x+1)(x-2)(x-5)}$

$=\dfrac{2(x-2)-(x-5)}{(x+1)(x-2)(x-5)}$

$=\dfrac{x+1}{(x+1)(x-2)(x-5)}$

$=\dfrac{\mathbf{1}}{\mathbf{(x-2)(x-5)}}$

(3) $\dfrac{x-1}{x^2-2x-3}+\dfrac{x+5}{x^2-6x-7}$

$=\dfrac{x-1}{(x+1)(x-3)}+\dfrac{x+5}{(x+1)(x-7)}$

$=\dfrac{(x-1)(x-7)}{(x+1)(x-3)(x-7)}+\dfrac{(x+5)(x-3)}{(x+1)(x-3)(x-7)}$

$=\dfrac{(x-1)(x-7)+(x+5)(x-3)}{(x+1)(x-3)(x-7)}$

$=\dfrac{2x^2-6x-8}{(x+1)(x-3)(x-7)}$

$=\dfrac{2(x+1)(x-4)}{(x+1)(x-3)(x-7)}$

$=\dfrac{\mathbf{2(x-4)}}{\mathbf{(x-3)(x-7)}}$

(4) $\dfrac{x+8}{x^2+x-2}-\dfrac{x+5}{x^2-1}$

$=\dfrac{x+8}{(x-1)(x+2)}-\dfrac{x+5}{(x+1)(x-1)}$

$=\dfrac{(x+8)(x+1)}{(x-1)(x+2)(x+1)}-\dfrac{(x+5)(x+2)}{(x-1)(x+2)(x+1)}$

$=\dfrac{(x+8)(x+1)-(x+5)(x+2)}{(x-1)(x+2)(x+1)}$

$=\dfrac{2x-2}{(x-1)(x+2)(x+1)}$

$=\dfrac{2(x-1)}{(x-1)(x+2)(x+1)}$

$=\dfrac{\mathbf{2}}{\mathbf{(x+2)(x+1)}}$

28 (1) (分子)$=x-\dfrac{16}{x}=\dfrac{x^2-16}{x}$

(分母)$=1+\dfrac{4}{x}=\dfrac{x+4}{x}$

よって

$\dfrac{x-\dfrac{16}{x}}{1+\dfrac{4}{x}}=\dfrac{x^2-16}{x}\div\dfrac{x+4}{x}$

$=\dfrac{x^2-16}{x}\times\dfrac{x}{x+4}$

$=\dfrac{(x+4)(x-4)}{x}\times\dfrac{x}{x+4}$

$=\mathbf{x-4}$

別解 $\dfrac{x-\dfrac{16}{x}}{1+\dfrac{4}{x}}=\dfrac{\left(x-\dfrac{16}{x}\right)\times x}{\left(1+\dfrac{4}{x}\right)\times x}$

$=\dfrac{x^2-16}{x+4}$

$=\dfrac{(x+4)(x-4)}{x+4}$

$=\mathbf{x-4}$

(2) (分子)$=x-\dfrac{9}{x}=\dfrac{x^2-9}{x}$

(分母)$=x-4+\dfrac{3}{x}=\dfrac{x^2-4x+3}{x}$

よって

$\dfrac{x-\dfrac{9}{x}}{x-4+\dfrac{3}{x}}=\dfrac{x^2-9}{x}\div\dfrac{x^2-4x+3}{x}$

$=\dfrac{x^2-9}{x}\times\dfrac{x}{x^2-4x+3}$

$=\dfrac{(x+3)(x-3)}{x}\times\dfrac{x}{(x-1)(x-3)}$

$=\boldsymbol{\dfrac{x+3}{x-1}}$

別解 $\dfrac{x-\dfrac{9}{x}}{x-4+\dfrac{3}{x}}=\dfrac{\left(x-\dfrac{9}{x}\right)\times x}{\left(x-4+\dfrac{3}{x}\right)\times x}$

$=\dfrac{x^2-9}{x^2-4x+3}$

$=\dfrac{(x+3)(x-3)}{(x-1)(x-3)}$

$=\boldsymbol{\dfrac{x+3}{x-1}}$

(3) (分子)$=x-\dfrac{2}{x+1}=\dfrac{x^2+x-2}{x+1}$

(分母)$=1-\dfrac{2}{x+1}=\dfrac{x-1}{x+1}$

よって

$\dfrac{x-\dfrac{2}{x+1}}{1-\dfrac{2}{x+1}}=\dfrac{x^2+x-2}{x+1}\div\dfrac{x-1}{x+1}$

$=\dfrac{x^2+x-2}{x+1}\times\dfrac{x+1}{x-1}$

$=\dfrac{(x-1)(x+2)}{x+1}\times\dfrac{x+1}{x-1}$

$=\boldsymbol{x+2}$

別解 $\dfrac{x-\dfrac{2}{x+1}}{1-\dfrac{2}{x+1}}=\dfrac{\left(x-\dfrac{2}{x+1}\right)\times(x+1)}{\left(1-\dfrac{2}{x+1}\right)\times(x+1)}$

$=\dfrac{x^2+x-2}{x-1}$

$=\dfrac{(x-1)(x+2)}{x-1}$

$=\boldsymbol{x+2}$

29 $\left(x+\dfrac{1}{x}\right)^2=x^2+2+\dfrac{1}{x^2}$ より

$x^2+\dfrac{1}{x^2}=\left(x+\dfrac{1}{x}\right)^2-2=(\sqrt{5})^2-2=\boldsymbol{3}$

$\left(x+\dfrac{1}{x}\right)^3=x^3+3x+\dfrac{3}{x}+\dfrac{1}{x^3}$ より

$x^3+\dfrac{1}{x^3}=\left(x+\dfrac{1}{x}\right)^3-3\left(x+\dfrac{1}{x}\right)=(\sqrt{5})^3-3\sqrt{5}$

$=\boldsymbol{2\sqrt{5}}$

30 (1) 実部は **3**，虚部は **7**

(2) 実部は **−2**，虚部は **−1**

(3) 実部は **0**，虚部は **−6**

(4) 実部は $\boldsymbol{1+\sqrt{2}}$，虚部は **0**

純虚数は (3)

31 (1) $2x$，$3y+1$ は実数であるから

$2x=-8$ かつ $3y+1=4$

これを解いて $\boldsymbol{x=-4,\ y=1}$

(2) $3(x-2)$，$y+4$，y は実数であるから

$3(x-2)=6$ かつ $y+4=-y$

これを解いて $\boldsymbol{x=4,\ y=-2}$

(3) $x+2y$，$-(2x-y)$ は実数であるから

$\begin{cases} x+2y=4 & \cdots\cdots① \\ -(2x-y)=7 & \cdots\cdots② \end{cases}$

②より $y=2x+7$ ……③

①に代入して

$x+2(2x+7)=4$

$5x=-10$

$x=-2$

③に代入して $y=3$

よって $\boldsymbol{x=-2,\ y=3}$

(4) $x-2y$，$y+4$ は実数であるから

$\begin{cases} x-2y=0 & \cdots\cdots① \\ y+4=0 & \cdots\cdots② \end{cases}$

②より $y=-4$

①に代入して

$x+8=0$

$x=-8$

よって $\boldsymbol{x=-8,\ y=-4}$

32 (1) $(2+5i)+(3+2i)=(2+3)+(5+2)i$

$=\boldsymbol{5+7i}$

(2) $(4-3i)+(-3+2i)=(4-3)+(-3+2)i$

$=\boldsymbol{1-i}$

(3) $(3+8i)-(4+9i)=(3-4)+(8-9)i=\boldsymbol{-1-i}$

(4) $(5i-4)-(-4i)=-4+(5+4)i=\boldsymbol{-4+9i}$

33 (1) $(2+3i)(1+4i)$

$=2+8i+3i+12i^2$

$=2+8i+3i+12\times(-1)$

$=2+11i-12=\boldsymbol{-10+11i}$

(2) $(3+5i)(2-i)$

$=6-3i+10i-5i^2$

$=6-3i+10i-5\times(-1)$

$=6+7i+5=\boldsymbol{11+7i}$

(3) $(2-3i)(3-2i)$

$=6-4i-9i+6i^2$

$=6-4i-9i+6\times(-1)$

$=6-13i-6=\boldsymbol{-13i}$

(4) $(1+3i)^2=1+6i+9i^2$
$=1+6i+9\times(-1)$
$=1+6i-9=\mathbf{-8+6i}$

(5) $(1-i)^2=1-2i+i^2$
$=1-2i-1=\mathbf{-2i}$

(6) $(4+3i)(4-3i)=16-9i^2$
$=16-9\times(-1)$
$=16+9=\mathbf{25}$

34 (1) $\mathbf{3-i}$

(2) $\mathbf{2i}$

(3) $\mathbf{-6}$　　← $-6-0i=-6$

(4) $\mathbf{\dfrac{-1-\sqrt{5}i}{2}}$

35 (1) $\dfrac{1+2i}{3+2i}=\dfrac{(1+2i)(3-2i)}{(3+2i)(3-2i)}$
$=\dfrac{3+4i-4i^2}{9-4i^2}$
$=\dfrac{7+4i}{13}=\mathbf{\dfrac{7}{13}+\dfrac{4}{13}i}$

(2) $\dfrac{3+2i}{1-2i}=\dfrac{(3+2i)(1+2i)}{(1-2i)(1+2i)}$
$=\dfrac{3+8i+4i^2}{1-4i^2}=\dfrac{-1+8i}{5}=\mathbf{-\dfrac{1}{5}+\dfrac{8}{5}i}$

(3) $\dfrac{1-i}{1+i}=\dfrac{(1-i)^2}{(1+i)(1-i)}$
$=\dfrac{1-2i+i^2}{1-i^2}=-\dfrac{2i}{2}=\mathbf{-i}$

(4) $\dfrac{4}{3+i}=\dfrac{4(3-i)}{(3+i)(3-i)}$
$=\dfrac{12-4i}{9-i^2}=\dfrac{12-4i}{10}=\mathbf{\dfrac{6}{5}-\dfrac{2}{5}i}$

(5) $\dfrac{2i}{1-i}=\dfrac{2i(1+i)}{(1-i)(1+i)}$
$=\dfrac{2i+2i^2}{1-i^2}=\dfrac{2i-2}{2}=\mathbf{-1+i}$

(6) $\dfrac{2-i}{5i}=\dfrac{(2-i)\times i}{5i\times i}$
$=\dfrac{2i-i^2}{5i^2}=-\dfrac{2i+1}{5}=\mathbf{-\dfrac{1}{5}-\dfrac{2}{5}i}$

36 (1) $\sqrt{-7}=\mathbf{\sqrt{7}i}$

(2) $\sqrt{-25}=\sqrt{25}i=\mathbf{5i}$

(3) $\pm\sqrt{-64}=\pm\sqrt{64}i=\mathbf{\pm 8i}$

37 (1) $\sqrt{-2}\times\sqrt{-3}=\sqrt{2}i\times\sqrt{3}i$
$=\sqrt{6}i^2=\mathbf{-\sqrt{6}}$

(2) $(\sqrt{-3}+1)^2=(\sqrt{3}i+1)^2$
$=3i^2+2\sqrt{3}i+1$
$=-3+2\sqrt{3}i+1$
$=\mathbf{-2+2\sqrt{3}i}$

(3) $\dfrac{\sqrt{3}}{\sqrt{-4}}=\dfrac{\sqrt{3}}{2i}=\dfrac{\sqrt{3}i}{2i\times i}$
$=\dfrac{\sqrt{3}i}{2i^2}=\mathbf{-\dfrac{\sqrt{3}}{2}i}$

(4) $(\sqrt{2}-\sqrt{-3})(\sqrt{-2}-\sqrt{3})$
$=(\sqrt{2}-\sqrt{3}i)(\sqrt{2}i-\sqrt{3})$
$=2i-\sqrt{6}-\sqrt{6}i^2+3i$
$=2i-\sqrt{6}+\sqrt{6}+3i=\mathbf{5i}$

38 (1) $\mathbf{x=\pm\sqrt{-2}=\pm\sqrt{2}i}$

(2) $\mathbf{x=\pm\sqrt{-16}=\pm\sqrt{16}i=\pm 4i}$

(3) $9x^2=-1$　より　$x^2=-\dfrac{1}{9}$

よって　$\mathbf{x=\pm\sqrt{-\dfrac{1}{9}}=\pm\sqrt{\dfrac{1}{9}}i=\pm\dfrac{1}{3}i}$

(4) $4x^2+9=0$　より　$x^2=-\dfrac{9}{4}$

よって　$\mathbf{x=\pm\sqrt{-\dfrac{9}{4}}=\pm\sqrt{\dfrac{9}{4}}i=\pm\dfrac{3}{2}i}$

39 (1) $(1+2i)^3=1+6i+12i^2+8i^3$
$=1+6i-12-8i=\mathbf{-11-2i}$

(2) $\dfrac{3i}{1+i}-\dfrac{5}{1-2i}$
$=\dfrac{3i(1-i)}{(1+i)(1-i)}-\dfrac{5(1+2i)}{(1-2i)(1+2i)}$
$=\dfrac{3i-3i^2}{1-i^2}-\dfrac{5+10i}{1-4i^2}$
$=\dfrac{3i+3}{2}-\dfrac{5+10i}{5}$
$=\dfrac{5(3i+3)-2(5+10i)}{10}$
$=\dfrac{5-5i}{10}=\mathbf{\dfrac{1}{2}-\dfrac{1}{2}i}$

(3) $\dfrac{3+i}{2-i}+\dfrac{2-i}{3+i}$
$=\dfrac{(3+i)(2+i)}{(2-i)(2+i)}+\dfrac{(2-i)(3-i)}{(3+i)(3-i)}$
$=\dfrac{6+5i+i^2}{4-i^2}+\dfrac{6-5i+i^2}{9-i^2}$
$=\dfrac{5+5i}{5}+\dfrac{5-5i}{10}=\dfrac{2(5+5i)+5-5i}{10}$
$=\dfrac{15+5i}{10}=\mathbf{\dfrac{3}{2}+\dfrac{1}{2}i}$

(4) $\left(\frac{1+i}{1-i}\right)^3=\left\{\frac{(1+i)^2}{(1-i)(1+i)}\right\}^3$

$=\left(\frac{1+2i+i^2}{1-i^2}\right)^3$

$=\left(\frac{2i}{2}\right)^3=i^3=\boldsymbol{-i}$

40 (1) $x=\frac{-5\pm\sqrt{5^2-4\times2\times1}}{2\times2}=\boldsymbol{\frac{-5\pm\sqrt{17}}{4}}$

(2) $x=\frac{-(-4)\pm\sqrt{(-4)^2-4\times1\times1}}{2\times1}$

$=\frac{4\pm\sqrt{12}}{2}=\frac{4\pm2\sqrt{3}}{2}=\boldsymbol{2\pm\sqrt{3}}$

(3) $x=\frac{-12\pm\sqrt{12^2-4\times9\times4}}{2\times9}=\frac{-12\pm0}{18}=\boldsymbol{-\frac{2}{3}}$

(4) $x=\frac{-(-4)\pm\sqrt{(-4)^2-4\times2\times5}}{2\times2}$

$=\frac{4\pm\sqrt{-24}}{4}=\frac{4\pm2\sqrt{6}i}{4}=\boldsymbol{\frac{2\pm\sqrt{6}i}{2}}$

(5) $x=\frac{-(-1)\pm\sqrt{(-1)^2-4\times1\times1}}{2\times1}$

$=\frac{1\pm\sqrt{-3}}{2}=\boldsymbol{\frac{1\pm\sqrt{3}i}{2}}$

(6) $-3x^2+2x+1=0$ より

$3x^2-2x-1=0$

$x=\frac{-(-2)\pm\sqrt{(-2)^2-4\times3\times(-1)}}{2\times3}$

$=\frac{2\pm\sqrt{16}}{6}=\frac{2\pm4}{6}$

$\frac{2+4}{6}=1$, $\frac{2-4}{6}=-\frac{1}{3}$ より $\boldsymbol{x=1,\ -\frac{1}{3}}$

(7) $x=\frac{-2\sqrt{3}\pm\sqrt{(2\sqrt{3})^2-4\times2\times5}}{2\times2}$

$=\frac{-2\sqrt{3}\pm\sqrt{-28}}{4}$

$=\frac{-2\sqrt{3}\pm2\sqrt{7}i}{4}=\boldsymbol{\frac{-\sqrt{3}\pm\sqrt{7}i}{2}}$

(8) $x=\frac{-0\pm\sqrt{0^2-4\times2\times7}}{2\times2}$

$=\pm\frac{\sqrt{-56}}{4}=\pm\frac{2\sqrt{14}i}{4}=\boldsymbol{\pm\frac{\sqrt{14}}{2}i}$

41 判別式をDとおく。

(1) $D=5^2-4\times2\times3=1>0$

よって，**異なる2つの実数解**をもつ。

(2) $D=(-4)^2-4\times3\times2=-8<0$

よって，**異なる2つの虚数解**をもつ。

(3) $D=(-10)^2-4\times25\times1=0$

よって，**重解**をもつ。

(4) $D=(-1)^2-4\times(-1)\times1=5>0$

よって，**異なる2つの実数解**をもつ。

(5) $D=(2\sqrt{5})^2-4\times1\times5=0$

よって，**重解**をもつ。

(6) $D=0^2-4\times4\times3=-48<0$

よって，**異なる2つの虚数解**をもつ。

42 (1) 和 $\alpha+\beta=-\frac{-5}{2}=\boldsymbol{\frac{5}{2}}$　積 $\alpha\beta=\boldsymbol{\frac{3}{2}}$

(2) 和 $\alpha+\beta=-\frac{-1}{1}=\boldsymbol{1}$　積 $\alpha\beta=\frac{-1}{1}=\boldsymbol{-1}$

(3) 和 $\alpha+\beta=-\frac{3}{-6}=\boldsymbol{\frac{1}{2}}$　積 $\alpha\beta=\frac{-4}{-6}=\boldsymbol{\frac{2}{3}}$

(4) 和 $\alpha+\beta=\boldsymbol{-\frac{2}{3}}$　積 $\alpha\beta=\frac{0}{3}=\boldsymbol{0}$

43 $\alpha+\beta=-\frac{-1}{2}=\frac{1}{2}$, $\alpha\beta=\frac{-4}{2}=-2$

(1) $(\alpha+3)(\beta+3)=\alpha\beta+3(\alpha+\beta)+9$

$=-2+3\times\frac{1}{2}+9=\boldsymbol{\frac{17}{2}}$

(2) $\alpha^2-\alpha\beta+\beta^2=(\alpha+\beta)^2-3\alpha\beta$

$=\left(\frac{1}{2}\right)^2-3\times(-2)=\boldsymbol{\frac{25}{4}}$

(3) $\frac{\beta+1}{\alpha}+\frac{\alpha+1}{\beta}=\frac{\beta^2+\beta+\alpha^2+\alpha}{\alpha\beta}$

$=\frac{(\alpha+\beta)^2-2\alpha\beta+(\alpha+\beta)}{\alpha\beta}$

$=\frac{\left(\frac{1}{2}\right)^2-2\times(-2)+\frac{1}{2}}{-2}$

$=\frac{\frac{1}{4}+4+\frac{1}{2}}{-2}$

$=\frac{19}{4}\times\left(-\frac{1}{2}\right)=\boldsymbol{-\frac{19}{8}}$

(4) $(\alpha+\beta)^3=\alpha^3+3\alpha^2\beta+3\alpha\beta^2+\beta^3$

より $\alpha^3+\beta^3=(\alpha+\beta)^3-3\alpha\beta(\alpha+\beta)$

よって

$\alpha^3+\beta^3=\left(\frac{1}{2}\right)^3-3\times(-2)\times\frac{1}{2}=\frac{1}{8}+3=\boldsymbol{\frac{25}{8}}$

別解 $\alpha^3+\beta^3=(\alpha+\beta)(\alpha^2-\alpha\beta+\beta^2)$

(2)より $\alpha^3+\beta^3=\frac{1}{2}\times\frac{25}{4}=\boldsymbol{\frac{25}{8}}$

44 $x^2+10x+m=0$ の 2 つの解を α, β とすると，解と係数の関係より　$\alpha+\beta=-10$, $\alpha\beta=m$

$\beta=4\alpha$ とおけるから

$\alpha+4\alpha=-10$ より　$\alpha=-2$

$\beta=4\times(-2)=-8$

$m=-2\times(-8)=16$

よって，$\boldsymbol{m=16}$，2 つの解は $\boldsymbol{-2}$，$\boldsymbol{-8}$

45 (1)　2 次方程式 $2x^2-4x-1=0$ の解は

$$x=\frac{-(-4)\pm\sqrt{(-4)^2-4\times2\times(-1)}}{2\times2}$$

$$=\frac{4\pm2\sqrt{6}}{4}=\frac{2\pm\sqrt{6}}{2}$$

よって

$$2x^2-4x-1=\boldsymbol{2\left(x-\frac{2+\sqrt{6}}{2}\right)\left(x-\frac{2-\sqrt{6}}{2}\right)}$$

(2)　2 次方程式 $x^2-x+1=0$ の解は

$$x=\frac{-(-1)\pm\sqrt{(-1)^2-4\times1\times1}}{2\times1}=\frac{1\pm\sqrt{3}i}{2}$$

よって

$$x^2-x+1=\boldsymbol{\left(x-\frac{1+\sqrt{3}i}{2}\right)\left(x-\frac{1-\sqrt{3}i}{2}\right)}$$

(3)　2 次方程式 $3x^2-6x+5=0$ の解は

$$x=\frac{-(-6)\pm\sqrt{(-6)^2-4\times3\times5}}{2\times3}=\frac{6\pm2\sqrt{6}i}{6}$$

$$=\frac{3\pm\sqrt{6}i}{3}$$

よって

$$3x^2-6x+5=\boldsymbol{3\left(x-\frac{3+\sqrt{6}i}{3}\right)\left(x-\frac{3-\sqrt{6}i}{3}\right)}$$

(4)　2 次方程式 $x^2+4=0$ の解は　$x=\pm2i$

よって　$x^2+4=\boldsymbol{(x+2i)(x-2i)}$

46 (1)　解の和　$3+(-4)=-1$

解の積　$3\times(-4)=-12$

より　$\boldsymbol{x^2+x-12=0}$

(2)　解の和　$(2+\sqrt{5})+(2-\sqrt{5})=4$

解の積　$(2+\sqrt{5})(2-\sqrt{5})=4-5=-1$

より　$\boldsymbol{x^2-4x-1=0}$

(3)　解の和　$(1+4i)+(1-4i)=2$

解の積　$(1+4i)(1-4i)=1-16i^2=17$

より　$\boldsymbol{x^2-2x+17=0}$

47 解と係数の関係より

$\alpha+\beta=-\dfrac{1}{2}$，$\alpha\beta=\dfrac{-2}{2}=-1$

(1)　$2\alpha+1$，$2\beta+1$ の和と積をそれぞれ求めると

$$(2\alpha+1)+(2\beta+1)=2(\alpha+\beta)+2$$

$$=2\times\left(-\frac{1}{2}\right)+2=1$$

$$(2\alpha+1)(2\beta+1)=4\alpha\beta+2(\alpha+\beta)+1$$

$$=4\times(-1)+2\times\left(-\frac{1}{2}\right)+1$$

$$=-4$$

よって，求める 2 次方程式の 1 つは

$\boldsymbol{x^2-x-4=0}$

(2)　$\dfrac{3}{\alpha}$，$\dfrac{3}{\beta}$ の和と積をそれぞれ求めると

$$\frac{3}{\alpha}+\frac{3}{\beta}=\frac{3(\alpha+\beta)}{\alpha\beta}=\frac{3\times\left(-\frac{1}{2}\right)}{-1}=\frac{3}{2}$$

$$\frac{3}{\alpha}\times\frac{3}{\beta}=\frac{9}{\alpha\beta}=\frac{9}{-1}=-9$$

よって，求める 2 次方程式の 1 つは

$x^2-\dfrac{3}{2}x-9=0$ より

$\boldsymbol{2x^2-3x-18=0}$

(3)　α^3，β^3 の和と積をそれぞれ求めると

$(\alpha+\beta)^3=\alpha^3+3\alpha^2\beta+3\alpha\beta^2+\beta^3$ より

$$\alpha^3+\beta^3=(\alpha+\beta)^3-3\alpha\beta(\alpha+\beta)$$

$$=\left(-\frac{1}{2}\right)^3-3\times(-1)\times\left(-\frac{1}{2}\right)$$

$$=-\frac{1}{8}-\frac{3}{2}=-\frac{13}{8}$$

$$\alpha^3\beta^3=(\alpha\beta)^3=(-1)^3=-1$$

よって，求める 2 次方程式の 1 つは

$x^2+\dfrac{13}{8}x-1=0$ より

$\boldsymbol{8x^2+13x-8=0}$

48 この 2 次方程式の判別式を D とすると

$D=(m-3)^2-4\times1\times1=m^2-6m+5$

(1)　2 次方程式が異なる 2 つの実数解をもつのは $D>0$ のときである。

ゆえに　$m^2-6m+5>0$

$(m-1)(m-5)>0$

よって，求める定数 m の値の範囲は

$\boldsymbol{m<1}$，$\boldsymbol{5<m}$

(2)　2 次方程式が異なる 2 つの虚数解をもつのは $D<0$ のときである。

$m^2-6m+5<0$

$(m-1)(m-5)<0$

よって，求める定数 m の値の範囲は

$\boldsymbol{1<m<5}$

49 この2次方程式の判別式をDとすると
$D=(2m)^2-4\times1\times(m+2)$
$=4m^2-4m-8$
(1) 2次方程式が実数解をもつのは $D\geqq0$ のときである。
$4m^2-4m-8\geqq0$
$4(m+1)(m-2)\geqq0$
よって，求める定数mの値の範囲は
$\boldsymbol{m\leqq-1,\ 2\leqq m}$
(2) 2次方程式が異なる2つの虚数解をもつのは $D<0$ のときである。
$4m^2-4m-8<0$
$4(m+1)(m-2)<0$
よって，求める定数mの値の範囲は
$\boldsymbol{-1<m<2}$

50 (1) $\boldsymbol{(x^2+2)(x^2-3)}$
(2) $\boldsymbol{(x^2+2)(x+\sqrt{3})(x-\sqrt{3})}$
(3) $\boldsymbol{(x+\sqrt{2}i)(x-\sqrt{2}i)(x+\sqrt{3})(x-\sqrt{3})}$

51 $x^2-4x+m=0$ の2つの解をα，βとすると，解と係数の関係より $\alpha+\beta=4$，$\alpha\beta=m$
$\alpha<\beta$ とすると $\beta=\alpha+4$ とおけるから
$\alpha+(\alpha+4)=4$ より $\alpha=0$
$\beta=0+4=4$
$m=0\times4=0$
よって，$\boldsymbol{m=0}$，2つの解は **0**，**4**

52 (1) 求める2つの数は $x^2-7x+4=0$ の解である。
これを解くと $x=\dfrac{7\pm\sqrt{33}}{2}$
よって，求める2つの数は $\boldsymbol{\dfrac{7+\sqrt{33}}{2}}$，$\boldsymbol{\dfrac{7-\sqrt{33}}{2}}$
(2) 求める2つの数は $x^2-3x+3=0$ の解である。
これを解くと $x=\dfrac{3\pm\sqrt{-3}}{2}=\dfrac{3\pm\sqrt{3}i}{2}$
よって，求める2つの数は
$\boldsymbol{\dfrac{3+\sqrt{3}i}{2}}$，$\boldsymbol{\dfrac{3-\sqrt{3}i}{2}}$

53 2つの解がα，βであり，x^2の項の係数が2である2次方程式は $2(x-\alpha)(x-\beta)=0$ と表される。
ゆえに $2x^2-px+3p+q=2(x-\alpha)(x-\beta)$
両辺に $x=1$ を代入すると
$2\times1^2-p\times1+3p+q=2(1-\alpha)(1-\beta)$
$2+2p+q=2(1-\alpha)(1-\beta)$
よって $\boldsymbol{(1-\alpha)(1-\beta)=p+\dfrac{q}{2}+1}$

54 2次方程式 $x^2+2mx-m+12=0$ の判別式をDとすると
$D=(2m)^2-4\times1\times(-m+12)$
$=4(m^2+m-12)$
$=4(m-3)(m+4)$
異なる2つの負の実数解をα，βとすると，解と係数の関係から
$\alpha+\beta=-2m$，$\alpha\beta=-m+12$
$D>0$，$\alpha+\beta<0$，$\alpha\beta>0$ であればよいから
$(m-3)(m+4)>0$ より
$m<-4$，$3<m$ ……①
$-2m<0$ より
$0<m$ ……②
$-m+12>0$ より
$m<12$ ……③
①，②，③より，求める定数mの値の範囲は
$\boldsymbol{3<m<12}$

55 2次方程式 $x^2+2(m-1)x-m+3=0$ の異なる符号の解をα，βとすると，解と係数の関係より
$\alpha\beta=-m+3$
$\alpha\beta<0$ であればよいから $-m+3<0$
よって，求める定数mの値の範囲は $\boldsymbol{3<m}$

56 (1) $P(1)=3\times1^2-4\times1-4=\boldsymbol{-5}$
(2) $P(0)=3\times0^2-4\times0-4=\boldsymbol{-4}$
(3) $P(-2)=3\times(-2)^2-4\times(-2)-4=\boldsymbol{16}$
(4) $P(\sqrt{3})=3\times(\sqrt{3})^2-4\times\sqrt{3}-4=\boldsymbol{5-4\sqrt{3}}$

57 (1) $P(x)=x^3-3x+4$ とおくと
$P(2)=2^3-3\times2+4=6$
よって 余り **6**
(2) $P(x)=2x^3+x^2-4x-3$ とおくと
$P(-1)=2\times(-1)^3+(-1)^2-4\times(-1)-3=0$
よって 余り **0**
(3) $P(x)=2x^3+3x^2-5x-6$ とおくと
$P(-3)=2\times(-3)^3+3\times(-3)^2-5\times(-3)-6$
$=-18$
よって 余り **−18**

58 (1) $P(x)=x^3-3x^2-4x+k$ とおくと
剰余の定理より　$P(2)=-5$
ここで　$P(2)=2^3-3\times2^2-4\times2+k=k-12$
よって，$k-12=-5$ より　　$\boldsymbol{k=7}$
(2) $P(x)=x^3+kx^2-2x+3$ とおくと
剰余の定理より　$P(-1)=3$
ここで　$P(-1)=(-1)^3+k\times(-1)^2-2\times(-1)+3$
$=k+4$
よって，$k+4=3$ より　　$\boldsymbol{k=-1}$
(3) $P(x)=x^3-2x^2-kx-5$ とおくと
剰余の定理より　$P(1)=0$
ここで　$P(1)=1^3-2\times1^2-k\times1-5=-k-6$
よって，$-k-6=0$ より　　$\boldsymbol{k=-6}$

59 (1) $P(-1)$
$=(-1)^3-2\times(-1)^2-5\times(-1)+10$
$=12$
$P(2)=2^3-2\times2^2-5\times2+10$
$=0$
$P(-3)=(-3)^3-2\times(-3)^2-5\times(-3)+10$
$=-20$
よって　$\boldsymbol{x-2}$
(2) $P(-1)=2\times(-1)^3+5\times(-1)^2-6\times(-1)-9$
$=0$
$P(2)=2\times2^3+5\times2^2-6\times2-9$
$=15$
$P(-3)=2\times(-3)^3+5\times(-3)^2-6\times(-3)-9$
$=0$
よって　$\boldsymbol{x+1}$ と $\boldsymbol{x+3}$

60 (1) $P(3)=3^3-3\times3^2+m\times3+6=0$
であるから　$\boldsymbol{m=-2}$
(2) $P(-1)=(-1)^3-3\times(-1)^2+m\times(-1)+6=0$
であるから　$\boldsymbol{m=2}$

61 (1) $P(x)=x^3-4x^2+x+6$ とおくと
$P(-1)=(-1)^3-4\times(-1)^2-1+6=0$
よって，$P(x)$ は $x+1$ を因数にもつ。
$P(x)$ を $x+1$ で割ると，次の計算より商が
x^2-5x+6 であるから

$$\begin{array}{r|l} & x^2-5x+6 \\ \hline x+1 & x^3-4x^2+x+6 \\ & x^3+x^2 \\ \hline & -5x^2+x \\ & -5x^2-5x \\ \hline & 6x+6 \\ & 6x+6 \\ \hline & 0 \end{array}$$

$x^3-4x^2+x+6=(x+1)(x^2-5x+6)$
$=\boldsymbol{(x+1)(x-2)(x-3)}$
(2) $P(x)=x^3+4x^2-3x-18$ とおくと
$P(2)=2^3+4\times2^2-3\times2-18=0$
よって，$P(x)$ は $x-2$ を因数にもつ。
$P(x)$ を $x-2$ で割ると，下の計算より商が
x^2+6x+9 であるから

$$\begin{array}{r|l} & x^2+6x+9 \\ \hline x-2 & x^3+4x^2-3x-18 \\ & x^3-2x^2 \\ \hline & 6x^2-3x \\ & 6x^2-12x \\ \hline & 9x-18 \\ & 9x-18 \\ \hline & 0 \end{array}$$

$x^3+4x^2-3x-18=(x-2)(x^2+6x+9)$
$=\boldsymbol{(x-2)(x+3)^2}$
(3) $P(x)=x^3-6x^2+12x-8$ とおくと
$P(2)=2^3-6\times2^2+12\times2-8=0$
よって，$P(x)$ は $x-2$ を因数にもつ。
$P(x)$ を $x-2$ で割ると，下の計算より商が
x^2-4x+4 であるから

$$\begin{array}{r|l} & x^2-4x+4 \\ \hline x-2 & x^3-6x^2+12x-8 \\ & x^3-2x^2 \\ \hline & -4x^2+12x \\ & -4x^2+8x \\ \hline & 4x-8 \\ & 4x-8 \\ \hline & 0 \end{array}$$

$x^3-6x^2+12x-8=(x-2)(x^2-4x+4)$
$=\boldsymbol{(x-2)^3}$

(4) $P(x)=2x^3-3x^2-11x+6$ とおくと

$$P(-2)=2\times(-2)^3-3\times(-2)^2-11\times(-2)+6=0$$

よって，$P(x)$ は $x+2$ を因数にもつ。

$P(x)$ を $x+2$ で割ると，下の計算より商が $2x^2-7x+3$ であるから

$$\begin{array}{r}
2x^2-7x+3 \\
x+2\,\overline{)\,2x^3-3x^2-11x+6} \\
\underline{2x^3+4x^2} \\
-7x^2-11x \\
\underline{-7x^2-14x} \\
3x+6 \\
\underline{3x+6} \\
0
\end{array}$$

$$2x^3-3x^2-11x+6=(x+2)(2x^2-7x+3)$$
$$=\boldsymbol{(x+2)(x-3)(2x-1)}$$

62 剰余の定理より　$P(-1)=-3$

ここで　$P(-1)=(-1)^3+a\times(-1)^2-(-1)+b$

$=a+b$

ゆえに　$a+b=-3$　……①

剰余の定理より　$P(2)=0$

ここで　$P(2)=2^3+a\times2^2-2+b=4a+b+6$

よって　$4a+b+6=0$ より

$4a+b=-6$　……②

①，②より　$\boldsymbol{a=-1,\ b=-2}$

63 $P(x)$ を $(x-2)(x-3)$ で割ったときの商を $Q(x)$ とする。$(x-2)(x-3)$ は 2 次式であるから，余りは 1 次以下の整式となる。この余りを $ax+b$ とおくと，次の等式が成り立つ。

$$P(x)=(x-2)(x-3)Q(x)+ax+b$$

一方，与えられた条件から剰余の定理より

$P(2)=-1,\ P(3)=2$

よって　$\begin{cases}2a+b=-1\\3a+b=2\end{cases}$

これを解くと　$a=3,\ b=-7$

したがって，求める余りは $\boldsymbol{3x-7}$

64 (1) 整式の除法の関係式より

$$\boldsymbol{P(x)=(ax+b)Q(x)+R}$$

(2) (1)で求めた等式に，$x=-\dfrac{b}{a}$ を代入すると

$$P\left(-\frac{b}{a}\right)=\left\{a\times\left(-\frac{b}{a}\right)+b\right\}Q\left(-\frac{b}{a}\right)+R$$
$$=0\times Q\left(-\frac{b}{a}\right)+R=R$$

よって　$R=P\left(-\dfrac{b}{a}\right)$

(3) $P(x)=2x^3+5x^2-7x+6$ を $2x-1$ で割ったときの余りは，(2)の結果より

$$P\left(\frac{1}{2}\right)=2\left(\frac{1}{2}\right)^3+5\left(\frac{1}{2}\right)^2-7\left(\frac{1}{2}\right)+6$$
$$=\frac{1}{4}+\frac{5}{4}-\frac{7}{2}+6=\boldsymbol{4}$$

65 (1) $P(x)=x^4-2x^3-3x^2+8x-4$ とおくと

$$P(1)=1^4-2\times1^3-3\times1^2+8\times1-4=0$$

よって，$P(x)$ は $x-1$ を因数にもつ。

$P(x)$ を $x-1$ で割ると，下の計算より商が x^3-x^2-4x+4 であるから

$$\begin{array}{r}
x^3-x^2-4x+4 \\
x-1\,\overline{)\,x^4-2x^3-3x^2+8x-4} \\
\underline{x^4-x^3} \\
-x^3-3x^2 \\
\underline{-x^3+x^2} \\
-4x^2+8x \\
\underline{-4x^2+4x} \\
4x-4 \\
\underline{4x-4} \\
0
\end{array}$$

$$x^4-2x^3-3x^2+8x-4$$
$$=(x-1)(x^3-x^2-4x+4)$$

$Q(x)=x^3-x^2-4x+4$ とおくと

$$Q(1)=1^3-1^2-4\times1+4=0$$

よって，$Q(x)$ は $x-1$ を因数にもつ。

$Q(x)$ を $x-1$ で割ると，下の計算より商が x^2-4 であるから

$$\begin{array}{r}
x^2-4 \\
x-1\,\overline{)\,x^3-x^2-4x+4} \\
\underline{x^3-x^2} \\
-4x+4 \\
\underline{-4x+4} \\
0
\end{array}$$

$$Q(x)=(x-1)(x^2-4)=(x-1)(x+2)(x-2)$$

ゆえに

$$x^4-2x^3-3x^2+8x-4$$
$$=\boldsymbol{(x-1)^2(x+2)(x-2)}$$

(2) $P(x)=x^4+4x^3+x^2-4x-2$ とおくと

$P(1)=1^4+4\times1^3+1^2-4\times1-2=0$

よって，$P(x)$ は $x-1$ を因数にもつ。

$P(x)$ を $x-1$ で割ると，下の計算より商は

x^3+5x^2+6x+2 であるから

$$
\begin{array}{r}
x^3+5x^2+6x+2 \\
x-1\,\big)\,\overline{x^4+4x^3+x^2-4x-2} \\
\underline{x^4-x^3} \\
5x^3+x^2 \\
\underline{5x^3-5x^2} \\
6x^2-4x \\
\underline{6x^2-6x} \\
2x-2 \\
\underline{2x-2} \\
0
\end{array}
$$

$x^4+4x^3+x^2-4x-2$

$=(x-1)(x^3+5x^2+6x+2)$

$Q(x)=x^3+5x^2+6x+2$ とおくと

$Q(-1)=(-1)^3+5\times(-1)^2+6\times(-1)+2=0$

よって，$Q(x)$ は $x+1$ を因数にもつ。

$Q(x)$ を $x+1$ で割ると，下の計算より商は

x^2+4x+2 であるから

$$
\begin{array}{r}
x^2+4x+2 \\
x+1\,\big)\,\overline{x^3+5x^2+6x+2} \\
\underline{x^3+x^2} \\
4x^2+6x \\
\underline{4x^2+4x} \\
2x+2 \\
\underline{2x+2} \\
0
\end{array}
$$

$Q(x)=(x+1)(x^2+4x+2)$

よって

$x^4+4x^3+x^2-4x-2$

$=\boldsymbol{(x+1)(x-1)(x^2+4x+2)}$

66

(1)

$$
\begin{array}{r|rrrr}
2 & 2 & -1 & 4 & -5 \\
+) & & 4 & 6 & 20 \\
\hline
 & 2 & 3 & 10 & 15
\end{array}
$$

よって

商は $\boldsymbol{2x^2+3x+10}$，　余りは **15**

(2)

$$
\begin{array}{r|rrrr}
-4 & 1 & 0 & -10 & -6 \\
+) & & -4 & 16 & -24 \\
\hline
 & 1 & -4 & 6 & -30
\end{array}
$$

よって

商は $\boldsymbol{x^2-4x+6}$，　余りは **−30**

(3)

$$
\begin{array}{r|rrrrr}
-1 & 1 & -4 & 2 & 3 & -4 \\
+) & & -1 & 5 & -7 & 4 \\
\hline
 & 1 & -5 & 7 & -4 & 0
\end{array}
$$

よって

商は $\boldsymbol{x^3-5x^2+7x-4}$，　余りは **0**

67

(1) $x^3=27$

$x^3-27=0$ として左辺を因数分解すると

$(x-3)(x^2+3x+9)=0$

ゆえに　$x-3=0$　または　$x^2+3x+9=0$

よって　$\boldsymbol{x=3,\ \dfrac{-3\pm3\sqrt{3}\,i}{2}}$

(2) $x^3=-125$

$x^3+125=0$ として左辺を因数分解すると

$(x+5)(x^2-5x+25)=0$

ゆえに　$x+5=0$　または　$x^2-5x+25=0$

よって　$\boldsymbol{x=-5,\ \dfrac{5\pm5\sqrt{3}\,i}{2}}$

(3) $8x^3-1=0$ の左辺を因数分解すると

$(2x-1)(4x^2+2x+1)=0$

ゆえに　$2x-1=0$　または　$4x^2+2x+1=0$

よって　$\boldsymbol{x=\dfrac{1}{2},\ \dfrac{-1\pm\sqrt{3}\,i}{4}}$

(4) $27x^3+8=0$ の左辺を因数分解すると

$(3x+2)(9x^2-6x+4)=0$

ゆえに　$3x+2=0$　または　$9x^2-6x+4=0$

よって　$\boldsymbol{x=-\dfrac{2}{3},\ \dfrac{1\pm\sqrt{3}\,i}{3}}$

68

(1) $x^2=A$ とおくと

$A^2+3A-4=0$

$(A+4)(A-1)=0$

$(x^2+4)(x^2-1)=0$

ゆえに　$x^2+4=0$　または　$x^2-1=0$

よって　$\boldsymbol{x=\pm2i,\ \pm1}$

(2) $x^2=A$ とおくと

$A^2-A-30=0$

$(A+5)(A-6)=0$

$(x^2+5)(x^2-6)=0$

ゆえに　$x^2+5=0$　または　$x^2-6=0$

よって　$\boldsymbol{x=\pm\sqrt{5}\,i,\ \pm\sqrt{6}}$

(3) $x^2=A$ とおくと

$A^2-16=0$

$(A+4)(A-4)=0$

$(x^2+4)(x^2-4)=0$

ゆえに　$x^2+4=0$　または　$x^2-4=0$

よって　$\boldsymbol{x=\pm2i,\ \pm2}$

(4) $x^2=A$ とおくと

$81A^2-1=0$

$(9A+1)(9A-1)=0$

$(9x^2+1)(9x^2-1)=0$

ゆえに　$9x^2+1=0$　または　$9x^2-1=0$

よって　$\boldsymbol{x=\pm\frac{1}{3}i,\ \pm\frac{1}{3}}$

69 (1) $P(x)=x^3-7x^2+x+5$ とおくと

$P(1)=1^3-7\times1^2+1+5=0$

よって，$P(x)$ は $x-1$ を因数にもち

$P(x)=(x-1)(x^2-6x-5)$

と因数分解できる。

ゆえに，$P(x)=0$ より

$(x-1)(x^2-6x-5)=0$

よって　$x-1=0$

または　$x^2-6x-5=0$

したがって

$x=1$,

$x=\frac{6\pm\sqrt{36+20}}{2}=\frac{6\pm2\sqrt{14}}{2}$

より　$\boldsymbol{x=1,\ 3\pm\sqrt{14}}$

$$\begin{array}{r} x^2-6x-5 \\ x-1\overline{)\,x^3-7x^2+x+5} \\ \underline{x^3-x^2} \\ -6x^2+x \\ \underline{-6x^2+6x} \\ -5x+5 \\ \underline{-5x+5} \\ 0 \end{array}$$

(2) $P(x)=x^3+4x^2-8$ とおくと

$P(-2)=(-2)^3+4\times(-2)^2-8=0$

よって，$P(x)$ は $x+2$ を因数にもち

$P(x)=(x+2)(x^2+2x-4)$

と因数分解できる。

ゆえに，$P(x)=0$ より

$(x+2)(x^2+2x-4)=0$

よって　$x+2=0$

または　$x^2+2x-4=0$

したがって　$\boldsymbol{x=-2,\ -1\pm\sqrt{5}}$

$$\begin{array}{r} x^2+2x-4 \\ x+2\overline{)\,x^3+4x^2-8} \\ \underline{x^3+2x^2} \\ 2x^2 \\ \underline{2x^2+4x} \\ -4x-8 \\ \underline{-4x-8} \\ 0 \end{array}$$

(3) $P(x)=x^3-2x^2+x+4$ とおくと

$P(-1)=(-1)^3-2\times(-1)^2+(-1)+4=0$

よって，$P(x)$ は $x+1$ を因数にもち

$P(x)=(x+1)(x^2-3x+4)$

と因数分解できる。

ゆえに，$P(x)=0$ より

$(x+1)(x^2-3x+4)=0$

よって　$x+1=0$

または　$x^2-3x+4=0$

したがって　$\boldsymbol{x=-1,\ \frac{3\pm\sqrt{7}i}{2}}$

$$\begin{array}{r} x^2-3x+4 \\ x+1\overline{)\,x^3-2x^2+x+4} \\ \underline{x^3+x^2} \\ -3x^2+x \\ \underline{-3x^2-3x} \\ 4x+4 \\ \underline{4x+4} \\ 0 \end{array}$$

(4) $P(x)=x^3-9x^2+25x-21$ とおくと

$P(3)=3^3-9\times3^2+25\times3-21=0$

よって，$P(x)$ は $x-3$ を因数にもち

$P(x)=(x-3)(x^2-6x+7)$

と因数分解できる。

ゆえに，$P(x)=0$ より

$(x-3)(x^2-6x+7)=0$

よって　$x-3=0$

または　$x^2-6x+7=0$

したがって　$\boldsymbol{x=3,\ 3\pm\sqrt{2}}$

$$\begin{array}{r} x^2-6x+7 \\ x-3\overline{)\,x^3-9x^2+25x-21} \\ \underline{x^3-3x^2} \\ -6x^2+25x \\ \underline{-6x^2+18x} \\ 7x-21 \\ \underline{7x-21} \\ 0 \end{array}$$

(5) $P(x)=2x^3-3x^2-3x+2$ とおくと

$P(2)=2\times2^3-3\times2^2-3\times2+2=0$

よって　$P(x)$ は $x-2$ を因数にもち

$P(x)=(x-2)(2x^2+x-1)$

$=(x-2)(2x-1)(x+1)$

と因数分解できる。

ゆえに，$P(x)=0$ より

$(x-2)(2x-1)(x+1)=0$

よって　$x-2=0$

または　$2x-1=0$

または　$x+1=0$

したがって　$\boldsymbol{x=2,\ \frac{1}{2},\ -1}$

$$\begin{array}{r} 2x^2+x-1 \\ x-2\overline{)\,2x^3-3x^2-3x+2} \\ \underline{2x^3-4x^2} \\ x^2-3x \\ \underline{x^2-2x} \\ -x+2 \\ \underline{-x+2} \\ 0 \end{array}$$

(6) $P(x)=3x^3+2x^2-12x-8$ とおくと

$P(-2)=3\times(-2)^3+2\times(-2)^2-12\times(-2)-8$
$=0$

よって，$P(x)$ は $x+2$ を因数にもち

$P(x)=(x+2)(3x^2-4x-4)$

$=(x+2)(3x+2)(x-2)$

と因数分解できる。

ゆえに，

$P(x)=0$ より

$(x+2)(3x+2)(x-2)=0$

よって　$x+2=0$

または　$3x+2=0$

または　$x-2=0$

したがって　$\boldsymbol{x=-2,\ -\frac{2}{3},\ 2}$

$$\begin{array}{r} 3x^2-4x-4 \\ x+2\overline{)\,3x^3+2x^2-12x-8} \\ \underline{3x^3+6x^2} \\ -4x^2-12x \\ \underline{-4x^2-8x} \\ -4x-8 \\ \underline{-4x-8} \\ 0 \end{array}$$

70 (1) $P(x)=2x^4-x^3-x^2+x-1$ とおくと

$P(1)=2\times1^4-1^3-1^2+1-1=0$

よって，$P(x)$ は $x-1$ を因数にもち

$P(x)=(x-1)(2x^3+x^2+1)$

と因数分解できる。

$$\begin{array}{r}
2x^3+x^2\qquad+1 \\
x-1\,\overline{)\,2x^4-x^3-x^2+x-1} \\
\underline{2x^4-2x^3\qquad\qquad\quad} \\
x^3-x^2\qquad\quad \\
\underline{x^3-x^2\qquad\quad} \\
x-1 \\
\underline{x-1} \\
0
\end{array}$$

$Q(x)=2x^3+x^2+1$ とおくと

$Q(-1)=2\times(-1)^3+(-1)^2+1=0$

よって，$Q(x)$ は $x+1$ を因数にもち

$Q(x)=(x+1)(2x^2-x+1)$

と因数分解できる。

$$\begin{array}{r}
2x^2-x+1 \\
x+1\,\overline{)\,2x^3+x^2\qquad+1} \\
\underline{2x^3+2x^2\qquad\quad} \\
-x^2\qquad\quad \\
\underline{-x^2-x\quad} \\
x+1 \\
\underline{x+1} \\
0
\end{array}$$

ゆえに，$P(x)=0$ より

$(x-1)(x+1)(2x^2-x+1)=0$

よって

$x-1=0$，$x+1=0$，$2x^2-x+1=0$

したがって　$\boldsymbol{x=1,\ -1,\ \dfrac{1\pm\sqrt{7}\,i}{4}}$

(2) $P(x)=x^4+x^3+6x-36$ とおくと

$P(2)=2^4+2^3+6\times2-36=0$

よって，$P(x)$ は $x-2$ を因数にもち

$P(x)=(x-2)(x^3+3x^2+6x+18)$

と因数分解できる。

$$\begin{array}{r}
x^3+3x^2+6x+18 \\
x-2\,\overline{)\,x^4+x^3\qquad+6x-36} \\
\underline{x^4-2x^3\qquad\qquad\qquad} \\
3x^3\qquad\qquad\qquad \\
\underline{3x^3-6x^2\qquad\qquad} \\
6x^2+6x\qquad \\
\underline{6x^2-12x\qquad} \\
18x-36 \\
\underline{18x-36} \\
0
\end{array}$$

$Q(x)=x^3+3x^2+6x+18$ とおくと

$Q(-3)=(-3)^3+3\times(-3)^2+6\times(-3)+18=0$

よって，$Q(x)$ は $x+3$ を因数にもち

$Q(x)=(x+3)(x^2+6)$

と因数分解できる。

$$\begin{array}{r}
x^2\qquad+6 \\
x+3\,\overline{)\,x^3+3x^2+6x+18} \\
\underline{x^3+3x^2\qquad\qquad} \\
6x+18 \\
\underline{6x+18} \\
0
\end{array}$$

ゆえに，$P(x)=0$ より

$(x-2)(x+3)(x^2+6)=0$

よって

$x-2=0$，$x+3=0$，$x^2+6=0$

したがって　$\boldsymbol{x=2,\ -3,\ \pm\sqrt{6}\,i}$

71　$x^3+px^2+qx+20=0$ の解の 1 つが $1-3i$ であるから

$(1-3i)^3+p(1-3i)^2+q(1-3i)+20=0$

これを展開して整理すると

$(-6-8p+q)+(18-6p-3q)i=0$

$-6-8p+q$，$18-6p-3q$ は実数であるから

$$\begin{cases}-6-8p+q=0\\18-6p-3q=0\end{cases}$$

これを解くと

$$\begin{cases}\boldsymbol{p=0}\\\boldsymbol{q=6}\end{cases}$$

このとき，与えられた方程式は

$x^3+6x+20=0$

左辺を因数分解すると

$(x+2)(x^2-2x+10)=0$

より　$x=-2,\ 1\pm3i$

他の解は　**-2 と $1+3i$**

72　(1) $x^2-2=A$ とおくと

$A^2+7A+6=0$

$(A+6)(A+1)=0$

$(x^2-2+6)(x^2-2+1)=0$

$(x^2+4)(x^2-1)=0$

ゆえに　$x^2+4=0$ または $x^2-1=0$

よって　$\boldsymbol{x=\pm2i,\ \pm1}$

(2) $x^2+1=A$ とおくと

$A^2-4A-12=0$

$(A+2)(A-6)=0$

$(x^2+1+2)(x^2+1-6)=0$

$(x^2+3)(x^2-5)=0$

ゆえに　$x^2+3=0$ または $x^2-5=0$

よって　$\boldsymbol{x=\pm\sqrt{3}\,i,\ \pm\sqrt{5}}$

73 (1) $x^2+x=A$ とおくと

$(A-1)(A-3)=8$

$A^2-4A-5=0$

$(A+1)(A-5)=0$

$(x^2+x+1)(x^2+x-5)=0$

ゆえに　$x^2+x+1=0$　または　$x^2+x-5=0$

よって　$\boldsymbol{x=\dfrac{-1\pm\sqrt{3}\,i}{2},\ \dfrac{-1\pm\sqrt{21}}{2}}$

(2) $x(x+1)(x-2)(x+3)=-9$ より

$(x^2+x)(x^2+x-6)=-9$

$x^2+x=A$ とおくと

$A(A-6)=-9$

$A^2-6A+9=0$

$(A-3)^2=0$

$A=3$

よって

$x^2+x=3$

$x^2+x-3=0$

$\boldsymbol{x=\dfrac{-1\pm\sqrt{13}}{2}}$

74 (1) $x=1+3i$ より　$x-1=3i$

両辺を2乗すると　$(x-1)^2=(3i)^2$

より　$x^2-2x+10=0$

(2) $x^3-3x^2+11x-6$ を $x^2-2x+10$ で割ると

$$\begin{array}{r@{\,}l}
 & x\ -1 \\
x^2-2x+10 \big) & x^3-3x^2+11x-\ 6 \\
 & x^3-2x^2+10x \\ \hline
 & -\ x^2+\ \ x-\ 6 \\
 & -\ x^2+\ 2x-10 \\ \hline
 & -x+\ 4
\end{array}$$

上の計算より

$x^3-3x^2+11x-6$

$=(x^2-2x+10)(x-1)-x+4$

(1)より，$x=1+3i$ のとき $x^2-2x+10=0$

であるから，$(x^2-2x+10)(x-1)-x+4$ に

$x=1+3i$ を代入すると

$0\times(1+3i-1)-(1+3i)+4=\boldsymbol{3-3i}$

75 直方体の高さを x cm とすると，直方体の体積は $27x$ cm^3，立方体の辺の長さは，$x-2$ (cm)，体積は $(x-2)^3$ cm^3 であり，$x-2>0$ より $x>2$

ここで，次の方程式が成り立つ。

$27x=(x-2)^3$

この方程式の右辺を展開して整理すると

$x^3-6x^2-15x-8=0$

ここで，$P(x)=x^3-6x^2-15x-8$ とおくと

$P(-1)=(-1)^3-6\times(-1)^2-15\times(-1)-8$

$=0$

よって，$P(x)$ は $x+1$ を因数にもち

$P(x)=(x+1)(x^2-7x-8)$

$=(x+1)^2(x-8)$

と因数分解できる。

$P(x)=0$ から，$x+1=0$ または $x-8=0$

ゆえに，$x>2$ より $x=8$

したがって，求める直方体の高さは **8 cm**

76 $P(x)=x^3+(m-4)x-2m$ とおくと

$P(2)=2^3+(m-4)\times2-2m=0$

よって，$P(x)$ は $x-2$ を因数にもち

$P(x)=(x-2)(x^2+2x+m)$

と因数分解できる。

ゆえに，$P(x)=0$ より

$x-2=0$ または $x^2+2x+m=0$

(i) $x^2+2x+m=0$ が2を解にもつ場合

$2^2+2\times2+m=0$ より $m=-8$

このとき　$P(x)=(x-2)(x^2+2x-8)$

$=(x-2)^2(x+4)$

よって，$P(x)=0$ は，2重解2と -4 を解にもつ。

(ii) $x^2+2x+m=0$ が重解をもつ場合

2次方程式 $x^2+2x+m=0$ の判別式を D とすると

$D=2^2-4m=4-4m$

2次方程式が重解をもつのは $D=0$ のときである。

ゆえに　$4-4m=0$ より $m=1$

このとき　$P(x)=(x-2)(x^2+2x+1)$

$=(x-2)(x+1)^2$

よって，$P(x)=0$ は，2重解 -1 と2を解にもつ。

(i), (ii)より　$\boldsymbol{m=-8,\ 1}$

77 $P(x)=x^3+x^2+(m-6)x+3m$ とおくと

$P(-3)=(-3)^3+(-3)^2+(m-6)\times(-3)+3m$

$=0$

よって，$P(x)$ は $x+3$ を因数にもち

$P(x)=(x+3)(x^2-2x+m)$

と因数分解できる。

ゆえに，$P(x)=0$ より

$x+3=0$ または $x^2-2x+m=0$

(i) $x^2-2x+m=0$ が -3 を解にもつ場合

$(-3)^2-2\times(-3)+m=0$ より $m=-15$
このとき $P(x)=(x+3)(x^2-2x-15)$
$=(x+3)^2(x-5)$
よって，$P(x)=0$ は，2重解 -3 と5を解にもつ。
(ii) $x^2-2x+m=0$ が重解をもつ場合
2次方程式 $x^2-2x+m=0$ の判別式を D とすると $D=(-2)^2-4m=4-4m$
2次方程式が重解をもつのは $D=0$ のときである。
ゆえに $4-4m=0$ より $m=1$
このとき $P(x)=(x+3)(x^2-2x+1)$
$=(x+3)(x-1)^2$
よって，$P(x)=0$ は，2重解1と -3 を解にもつ。
(i)，(ii)より $\boldsymbol{m=-15,\ 1}$

78 $\alpha,\ \beta,\ \gamma$ を解とする3次方程式の1つは
$(x-\alpha)(x-\beta)(x-\gamma)=0$
左辺を展開すると
$(x-\alpha)(x-\beta)(x-\gamma)$
$=x^3-(\alpha+\beta+\gamma)x^2+(\alpha\beta+\beta\gamma+\gamma\alpha)x-\alpha\beta\gamma$
一方，$\alpha,\ \beta,\ \gamma$ を解とする3次方程式
$ax^3+bx^2+cx+d=0$ は
$x^3+\dfrac{b}{a}x^2+\dfrac{c}{a}x+\dfrac{d}{a}=0$
と変形できる。
よって
$x^3-(\alpha+\beta+\gamma)x^2+(\alpha\beta+\beta\gamma+\gamma\alpha)x-\alpha\beta\gamma$
$=x^3+\dfrac{b}{a}x^2+\dfrac{c}{a}x+\dfrac{d}{a}$
両辺の係数を比較して
$\alpha+\beta+\gamma=-\dfrac{b}{a},\ \alpha\beta+\beta\gamma+\gamma\alpha=\dfrac{c}{a},\ \alpha\beta\gamma=-\dfrac{d}{a}$

79 (1) 3次方程式の解と係数の関係から
$\boldsymbol{\alpha+\beta+\gamma=-5,\ \alpha\beta+\beta\gamma+\gamma\alpha=3,\ \alpha\beta\gamma=2}$
(2) $(\alpha+\beta+\gamma)^2=\alpha^2+\beta^2+\gamma^2+2\alpha\beta+2\beta\gamma+2\gamma\alpha$
より
$\alpha^2+\beta^2+\gamma^2=(\alpha+\beta+\gamma)^2-2(\alpha\beta+\beta\gamma+\gamma\alpha)$
(1)より $\alpha^2+\beta^2+\gamma^2=(-5)^2-2\times3=\boldsymbol{19}$
(3) $\dfrac{1}{\alpha}+\dfrac{1}{\beta}+\dfrac{1}{\gamma}=\dfrac{\beta\gamma}{\alpha\beta\gamma}+\dfrac{\gamma\alpha}{\alpha\beta\gamma}+\dfrac{\alpha\beta}{\alpha\beta\gamma}$
$=\dfrac{\alpha\beta+\beta\gamma+\gamma\alpha}{\alpha\beta\gamma}$
であるから
(1)より $\dfrac{1}{\alpha}+\dfrac{1}{\beta}+\dfrac{1}{\gamma}=\boldsymbol{\dfrac{3}{2}}$

80 (1) $a(x+1)+b(x-3)$
$=(a+b)x+(a-3b)$
より $2x+6=(a+b)x+(a-3b)$
両辺の同じ次数の項の係数を比べて
$\begin{cases}2=a+b\\6=a-3b\end{cases}$
これを解くと $\boldsymbol{a=3,\ b=-1}$
(2) $a(x+1)^2+b(x+1)+c$
$=ax^2+(2a+b)x+a+b+c$
より $x^2+4x+6=ax^2+(2a+b)x+a+b+c$
両辺の同じ次数の項の係数を比べて
$\begin{cases}1=a\\4=2a+b\\6=a+b+c\end{cases}$
これを解くと $\boldsymbol{a=1,\ b=2,\ c=3}$
(3) $a(x-1)^2+b(x-1)+c$
$=ax^2+(-2a+b)x+a-b+c$
より
$2x^2-3x+4=ax^2+(-2a+b)x+a-b+c$
両辺の同じ次数の項の係数を比べて
$\begin{cases}2=a\\-3=-2a+b\\4=a-b+c\end{cases}$
これを解くと $\boldsymbol{a=2,\ b=1,\ c=3}$
(4) $(2a+b)x^2+(c-3)x+(a+c)=0$
x の恒等式であるから
$\begin{cases}2a+b=0\\c-3=0\\a+c=0\end{cases}$
これを解くと $\boldsymbol{a=-3,\ b=6,\ c=3}$

81 (1) (左辺)$=a^2+4ab+4b^2-(a^2-4ab+4b^2)$
$=8ab=$(右辺)
よって $(a+2b)^2-(a-2b)^2=8ab$
(2) (左辺)$=a^2x^2+2abx+b^2+a^2-2abx+b^2x^2$
$=(a^2+b^2)x^2+(a^2+b^2)$
$=(a^2+b^2)(x^2+1)$
$=$(右辺)
よって $(ax+b)^2+(a-bx)^2=(a^2+b^2)(x^2+1)$
(3) (右辺)$=a^2b^2-2ab+1+a^2+2ab+b^2$
$=a^2b^2+a^2+b^2+1$
$=a^2(b^2+1)+(b^2+1)$
$=(a^2+1)(b^2+1)=$(左辺)
よって $(a^2+1)(b^2+1)=(ab-1)^2+(a+b)^2$

82 (1) $a+b=1$ であるから　$b=1-a$

このとき　(左辺)$=a^2+(1-a)^2=2a^2-2a+1$

(右辺)$=1-2a(1-a)$

$=1-2a+2a^2=2a^2-2a+1$

よって　$a^2+b^2=1-2ab$

別解　$a+b=1$ の両辺を 2 乗すると

$(a+b)^2=1$

$a^2+2ab+b^2=1$

よって　$a^2+b^2=1-2ab$

(2) $a+b=1$ であるから　$b=1-a$

このとき　(左辺)$=a^2+2(1-a)=a^2-2a+2$

(右辺)$=(1-a)^2+1=a^2-2a+2$

よって　$a^2+2b=b^2+1$

83 (1) $\dfrac{a}{x-1}+\dfrac{b}{x+1}=\dfrac{a(x+1)+b(x-1)}{(x+1)(x-1)}$

$=\dfrac{(a+b)x+a-b}{(x+1)(x-1)}$

より　$\dfrac{2}{(x+1)(x-1)}=\dfrac{(a+b)x+a-b}{(x+1)(x-1)}$

よって

$\begin{cases} a+b=0 \\ a-b=2 \end{cases}$

これを解いて　$\boldsymbol{a=1,\ b=-1}$

(2) $\dfrac{a}{x+1}+\dfrac{b}{2x-3}=\dfrac{a(2x-3)+b(x+1)}{(x+1)(2x-3)}$

$=\dfrac{(2a+b)x-3a+b}{2x^2-x-3}$

より　$\dfrac{3x-2}{2x^2-x-3}=\dfrac{(2a+b)x-3a+b}{2x^2-x-3}$

よって

$\begin{cases} 2a+b=3 \\ -3a+b=-2 \end{cases}$

これを解いて　$\boldsymbol{a=1,\ b=1}$

84 (1) $a+b+c=0$ であるから　$c=-a-b$

このとき

(左辺)$=a^2-b(-a-b)=a^2+ab+b^2$

(右辺)$=b^2-(-a-b)a=b^2+a^2+ab$

よって　$a^2-bc=b^2-ca$

(2) $a+b+c=0$ であるから　$c=-a-b$

このとき

(左辺)

$=(b-a-b)(-a-b+a)(a+b)+ab(-a-b)$

$=(-a)(-b)(a+b)-ab(a+b)$

$=ab(a+b)-ab(a+b)=0=$(右辺)

よって　$(b+c)(c+a)(a+b)+abc=0$

別解　$a+b+c=0$ であるから

$a+b=-c,\ a+c=-b,\ b+c=-a$

このとき

(左辺)$=(-a)(-b)(-c)+abc$

$=-abc+abc=0=$(右辺)

よって　$(b+c)(c+a)(a+b)+abc=0$

85 $\dfrac{a}{b}=\dfrac{c}{d}=k$ とおくと　$a=bk,\ c=dk$

(1) (左辺)$=\dfrac{bk+dk}{b+d}=\dfrac{k(b+d)}{b+d}=k$

(右辺)$=\dfrac{bk\times d+b\times dk}{2bd}=\dfrac{2bdk}{2bd}=k$

よって　$\dfrac{a+c}{b+d}=\dfrac{ad+bc}{2bd}$

(2) (左辺)$=\dfrac{bk\times dk}{(bk)^2-(dk)^2}=\dfrac{bdk^2}{(b^2-d^2)k^2}=\dfrac{bd}{b^2-d^2}$

$=$(右辺)

よって　$\dfrac{ac}{a^2-c^2}=\dfrac{bd}{b^2-d^2}$

86 $\dfrac{x}{2}=\dfrac{y}{3}=k$ とおくと　$x=2k,\ y=3k$

(1) $\dfrac{x+3y}{3x+y}=\dfrac{2k+3\times3k}{3\times2k+3k}=\dfrac{11k}{9k}=\boldsymbol{\dfrac{11}{9}}$

(2) $\dfrac{3x^2+4y^2}{x^2+y^2}=\dfrac{3\times(2k)^2+4\times(3k)^2}{(2k)^2+(3k)^2}$

$=\dfrac{12k^2+36k^2}{4k^2+9k^2}=\dfrac{48k^2}{13k^2}=\boldsymbol{\dfrac{48}{13}}$

87 (1) (左辺)$-$(右辺)$=3a-b-(a+b)$

$=2a-2b=2(a-b)$

ここで，$a>b$ のとき，$a-b>0$ であるから

$2(a-b)>0$ より　$3a-b-(a+b)>0$

よって　$3a-b>a+b$

(2) (左辺)$-$(右辺)$=\dfrac{a+3b}{4}-\dfrac{a+4b}{5}$

$=\dfrac{5(a+3b)-4(a+4b)}{20}$

$=\dfrac{a-b}{20}$

ここで，$a>b$ のとき，$a-b>0$ であるから

$\dfrac{a-b}{20}>0$ より　$\dfrac{a+3b}{4}-\dfrac{a+4b}{5}>0$

よって　$\dfrac{a+3b}{4}>\dfrac{a+4b}{5}$

88 (1) (左辺)−(右辺)
$=x^2+9-6x=(x-3)^2 \geqq 0$
よって　$x^2+9 \geqq 6x$
等号が成り立つのは，$x-3=0$ より $x=3$ のときである。

(2) (左辺)−(右辺)$=x^2+1-2x=(x-1)^2 \geqq 0$
よって　$x^2+1 \geqq 2x$
等号が成り立つのは，$x-1=0$ より $x=1$ のときである。

(3) (左辺)−(右辺)$=9x^2+4y^2-12xy$
$=(3x-2y)^2 \geqq 0$
よって　$9x^2+4y^2 \geqq 12xy$
等号が成り立つのは，$3x-2y=0$ より $3x=2y$ のときである。

(4) (左辺)−(右辺)$=(2x+3y)^2-24xy$
$=4x^2-12xy+9y^2$
$=(2x-3y)^2 \geqq 0$
よって　$(2x+3y)^2 \geqq 24xy$
等号が成り立つのは，$2x-3y=0$ より $2x=3y$ のときである。

89 (1) 両辺の平方の差を考えると
$(a+1)^2-(2\sqrt{a})^2=a^2+2a+1-4a$
$=a^2-2a+1$
$=(a-1)^2 \geqq 0$
よって　$(a+1)^2 \geqq (2\sqrt{a})^2$
ここで，$a+1>0$，$2\sqrt{a} \geqq 0$ であるから
$a+1 \geqq 2\sqrt{a}$
等号が成り立つのは，$a-1=0$ より $a=1$ のときである。

(2) 両辺の平方の差を考えると
$(a+1)^2-(\sqrt{2a+1})^2=a^2+2a+1-2a-1$
$=a^2 \geqq 0$
よって　$(a+1)^2 \geqq (\sqrt{2a+1})^2$
$a+1>0$，$\sqrt{2a+1}>0$ であるから
$a+1 \geqq \sqrt{2a+1}$
等号が成り立つのは $a=0$ のときである。

(3) 両辺の平方の差を考えると
$(\sqrt{a}+2\sqrt{b})^2-(\sqrt{a+4b})^2$
$=a+4\sqrt{ab}+4b-(a+4b)=4\sqrt{ab} \geqq 0$
よって　$(\sqrt{a}+2\sqrt{b})^2 \geqq (\sqrt{a+4b})^2$
$\sqrt{a}+2\sqrt{b} \geqq 0$，$\sqrt{a+4b} \geqq 0$ であるから
$\sqrt{a}+2\sqrt{b} \geqq \sqrt{a+4b}$
等号が成り立つのは，$\sqrt{ab}=0$ より　$ab=0$
すなわち　$a=0$ または $b=0$ のときである。

(4) 両辺の平方の差を考えると
$\{\sqrt{2(a^2+4b^2)}\}^2-(a+2b)^2$
$=2(a^2+4b^2)-(a^2+4ab+4b^2)$
$=a^2-4ab+4b^2=(a-2b)^2 \geqq 0$
よって　$\{\sqrt{2(a^2+4b^2)}\}^2 \geqq (a+2b)^2$
$\sqrt{2(a^2+4b^2)} \geqq 0$，$a+2b \geqq 0$ であるから
$\sqrt{2(a^2+4b^2)} \geqq a+2b$
等号が成り立つのは，$a-2b=0$ より $a=2b$ のときである。

90 (1) $2a>0$，$\dfrac{25}{a}>0$ であるから，
相加平均と相乗平均の大小関係より
$2a+\dfrac{25}{a} \geqq 2\sqrt{2a \times \dfrac{25}{a}}=10\sqrt{2}$
ゆえに　$2a+\dfrac{25}{a} \geqq 10\sqrt{2}$
また，等号が成り立つのは $2a=\dfrac{25}{a}$
すなわち，$2a^2=25$ のときである。
よって　$a=\pm\dfrac{5\sqrt{2}}{2}$
ここで，$a>0$ であるから，$a=\dfrac{5\sqrt{2}}{2}$ のときである。

(2) $2a>0$，$\dfrac{1}{a}>0$ であるから，
相加平均と相乗平均の大小関係より
$2a+\dfrac{1}{a} \geqq 2\sqrt{2a \times \dfrac{1}{a}}=2\sqrt{2}$
ゆえに　$2a+\dfrac{1}{a} \geqq 2\sqrt{2}$
また，等号が成り立つのは $2a=\dfrac{1}{a}$
すなわち $2a^2=1$ のときである。
よって　$a=\pm\dfrac{\sqrt{2}}{2}$
ここで，$a>0$ であるから，$a=\dfrac{\sqrt{2}}{2}$ のときである。

(3) $\dfrac{b}{2a}>0$，$\dfrac{a}{2b}>0$ であるから，
相加平均と相乗平均の大小関係より
$\dfrac{b}{2a}+\dfrac{a}{2b} \geqq 2\sqrt{\dfrac{b}{2a} \times \dfrac{a}{2b}}=1$
ゆえに，$\dfrac{b}{2a}+\dfrac{a}{2b} \geqq 1$ より　$\dfrac{b}{2a}+\dfrac{a}{2b}-1 \geqq 0$

ここで，等号が成り立つのは $\frac{b}{2a}=\frac{a}{2b}$，すなわち $2b^2=2a^2$ のときである。$a>0$，$b>0$ であるから $a=b$ のときである。

91 (左辺)−(右辺)$=xy+2-(2x+y)$

$=xy-2x-y+2$

$=x(y-2)-(y-2)$

$=(x-1)(y-2)$

$x>1$，$y>2$ より　$x-1>0$，$y-2>0$

よって　$(x-1)(y-2)>0$ であるから

$(xy+2)-(2x+y)>0$

したがって　$xy+2>2x+y$

92 (1) (左辺)−(右辺)$=x^2+10y^2-6xy$

$=x^2-6xy+10y^2$

$=(x-3y)^2-9y^2+10y^2$

$=(x-3y)^2+y^2\geqq 0$

よって　$x^2+10y^2\geqq 6xy$

等号が成り立つのは，$x=3y$，$y=0$ より

$x=y=0$ のときである。

(2) (左辺)−(右辺)$=x^2+y^2+4x-6y+13$

$=x^2+4x+y^2-6y+13$

$=(x+2)^2-4+(y-3)^2-9+13$

$=(x+2)^2+(y-3)^2\geqq 0$

等号が成り立つのは，$x+2=0$，$y-3=0$ より

$x=-2$，$y=3$ のときである。

(3) (左辺)−(右辺)$=x^2+y^2-2(x+y-1)$

$=x^2-2x+y^2-2y+2$

$=(x-1)^2-1+(y-1)^2-1+2$

$=(x-1)^2+(y-1)^2\geqq 0$

よって　$x^2+y^2\geqq 2(x+y-1)$

等号が成り立つのは，$x-1=0$，$y-1=0$ より

$x=y=1$ のときである。

(4) (左辺)−(右辺)$=x^2+2y^2+1-2y(x+1)$

$=x^2-2xy+y^2+y^2-2y+1$

$=(x-y)^2+(y-1)^2\geqq 0$

よって　$x^2+2y^2+1\geqq 2y(x+1)$

等号が成り立つのは，$x-y=0$，$y-1=0$ より

$x=y=1$ のときである。

93 (1) $(a+3b)\left(\frac{1}{a}+\frac{1}{3b}\right)=1+\frac{a}{3b}+\frac{3b}{a}+1$

$=\frac{3b}{a}+\frac{a}{3b}+2$

ここで，$a>0$，$b>0$ より　$\frac{3b}{a}>0$，$\frac{a}{3b}>0$

であるから，相加平均と相乗平均の大小関係より

$$\frac{3b}{a}+\frac{a}{3b}\geqq 2\sqrt{\frac{3b}{a}\times\frac{a}{3b}}=2$$

ゆえに　$\frac{3b}{a}+\frac{a}{3b}\geqq 2$

より　$\frac{3b}{a}+\frac{a}{3b}+2\geqq 4$

$(a+3b)\left(\frac{1}{a}+\frac{1}{3b}\right)\geqq 4$

ここで，等号が成り立つのは　$\frac{3b}{a}=\frac{a}{3b}$

すなわち　$9b^2=a^2$ のときである。ここで，

$a>0$，$b>0$ より $a=3b$ のとき等号が成り立つ。

(2) $\left(4a+\frac{1}{b}\right)\left(b+\frac{1}{a}\right)=4ab+4+1+\frac{1}{ab}$

$=4ab+\frac{1}{ab}+5$

ここで，$a>0$，$b>0$ より　$4ab>0$，$\frac{1}{ab}>0$

であるから，相加平均と相乗平均の大小関係より

$$4ab+\frac{1}{ab}\geqq 2\sqrt{4ab\times\frac{1}{ab}}=4$$

ゆえに　$4ab+\frac{1}{ab}\geqq 4$

より　$4ab+\frac{1}{ab}+5\geqq 9$

$\left(4a+\frac{1}{b}\right)\left(b+\frac{1}{a}\right)\geqq 9$

ここで，等号が成り立つのは　$4ab=\frac{1}{ab}$

すなわち，$4a^2b^2=1$ のときである。ここで，

$a>0$，$b>0$ より $ab=\frac{1}{2}$ のとき等号が成り立つ。

94 $x>0$，$3y>0$ であるから，

相加平均と相乗平均の大小関係より

$x+3y\geqq 2\sqrt{3xy}$

$xy=3$ であるから　$x+3y\geqq 6$

ここで，等号が成り立つのは $x=3y$ のときである。

このとき，$xy=3$，$x=3y$ より $3y^2=3$

よって　$y=\pm 1$

ここで，$y>0$ であるから $y=1$　このとき，$x=3$

よって　$x=3$，$y=1$ のとき**最小値 6** をとる。

95 $a>0$ より　$\frac{4}{a}>0$

相加平均と相乗平均の大小関係より

$a+\frac{4}{a} \geqq 2\sqrt{a \times \frac{4}{a}}=4$

ゆえに　$a+\frac{4}{a} \geqq 4$

ここで，等号が成り立つのは $a=\frac{4}{a}$

すなわち，$a^2=4$ のときである。ここで，$a>0$ より　$a=2$ のとき等号が成り立つ。

よって　$a=2$ のとき**最小値 4** をとる。

96　$a+b=2$ より　$\frac{a+b}{2}=1$ であるから

a と b の平均は 1 であり，$a<b$ より a が 1 以上であると平均は 1 より大きくなるので，a は 1 より小さい。

よって，$a=1-t$，$0<t<1$ とおくと

$b=2-a=2-(1-t)=1+t$

$\frac{a^2+b^2}{2}=\frac{(1-t)^2+(1+t)^2}{2}=1+t^2$

より　$1<\frac{a^2+b^2}{2}$　……①

$b-\frac{a^2+b^2}{2}=(1+t)-(1+t^2)$

$=t-t^2=t(1-t)>0$

より　$\frac{a^2+b^2}{2}<b$　……②

$ab=(1-t)(1+t)=1-t^2$

$ab-1=-t^2<0$

より　$ab<1$　……③

$ab-a=(1-t^2)-(1-t)=t-t^2$

$=t(1-t)>0$

より　$ab>a$　……④

よって，①～④より

$\boldsymbol{a<ab<1<\frac{a^2+b^2}{2}<b}$

97　(1)　(i)　$\sqrt{2(a^2+b^2)}$ と $|a|+|b|$ の平方の差を考えると

$\{\sqrt{2(a^2+b^2)}\}^2-(|a|+|b|)^2$

$=2(a^2+b^2)-(|a|^2+2|a||b|+|b|^2)$

$=2a^2+2b^2-a^2-2|a||b|-b^2$

$=a^2-2|a||b|+b^2$

$=|a|^2-2|a||b|+|b|^2$

$=(|a|-|b|)^2 \geqq 0$

よって　$\{\sqrt{2(a^2+b^2)}\}^2 \geqq (|a|+|b|)^2$

$\sqrt{2(a^2+b^2)} \geqq 0$，$|a|+|b| \geqq 0$ であるから

$\sqrt{2(a^2+b^2)} \geqq |a|+|b|$

等号が成り立つのは $|a|-|b|=0$ より

$|a|=|b|$ のときである。

(ii)　$|a|+|b|$ と $\sqrt{a^2+b^2}$ の平方の差を考えると

$(|a|+|b|)^2-(\sqrt{a^2+b^2})^2$

$=|a|^2+2|a||b|+|b|^2-(a^2+b^2)$

$=a^2+2|a||b|+b^2-a^2-b^2$

$=2|a||b|=2|ab| \geqq 0$

よって　$(|a|+|b|)^2 \geqq (\sqrt{a^2+b^2})^2$

$|a|+|b| \geqq 0$，$\sqrt{a^2+b^2} \geqq 0$ であるから

$|a|+|b| \geqq \sqrt{a^2+b^2}$

等号が成り立つのは $|ab|=0$ より $ab=0$ のときである。

したがって，(i)，(ii)より

$\sqrt{a^2+b^2} \leqq |a|+|b| \leqq \sqrt{2(a^2+b^2)}$

$a=b=0$ のとき等号が成り立つ。

(2)　(i)　$|a|<|b|$ のとき

$|a|-|b|<0$，$|a+b|>0$ より

$|a|-|b|<|a+b|$

(ii)　$|a| \geqq |b|$ のとき

両辺の平方の差を考えると

$(|a+b|)^2-(|a|-|b|)^2$

$=(a+b)^2-(|a|^2-2|a||b|+|b|^2)$

$=a^2+2ab+b^2-(a^2-2|a||b|+b^2)$

$=2ab+2|a||b|=2(|ab|+ab)$

$|ab| \geqq -ab$ より $|ab|+ab \geqq 0$　よって

$(|a+b|)^2 \geqq (|a|-|b|)^2$

$|a|-|b| \geqq 0$，$|a+b| \geqq 0$ より

$|a|-|b| \leqq |a+b|$

等号が成り立つのは，$|ab|=-ab$ より

$ab \leqq 0$ のときである。

(i)，(ii)より

$|a|-|b| \leqq |a+b|$

$|a| \geqq |b|$ かつ $ab \leqq 0$ のとき等号は成り立つ。

98　(1)　$\mathrm{AB}=|(-2)-3|=|-5|=\mathbf{5}$

(2)　$\mathrm{BC}=|(-1)-(-4)|=|3|=\mathbf{3}$

(3)　$\mathrm{OA}=|4-0|=|4|=\mathbf{4}$

99　AP：PB＝|5−1|：|7−5|＝4：2＝2：1

より，**点 P は AB を 2：1 に内分する。**

AQ：QB＝|10−1|：|7−10|＝9：3＝3：1

より，**点 Q は AB を 3：1 に外分する。**

AR：RB＝|−1−1|：|7−(−1)|＝2：8＝1：4

より，**点 R は AB を 1：4 に外分する。**

100 (1) $\dfrac{2\times(-6)+3\times4}{3+2}=\dfrac{0}{5}=0$ より **C(0)**

(2) $\dfrac{3\times(-6)+2\times4}{2+3}=-\dfrac{10}{5}=-2$ より **D(−2)**

(3) $\dfrac{3\times(-6)+7\times4}{7+3}=\dfrac{10}{10}=1$ より **E(1)**

(4) $\dfrac{(-6)+4}{2}=-\dfrac{2}{2}=-1$ より **F(−1)**

101 (1) $\dfrac{-1\times(-2)+5\times6}{5-1}=\dfrac{32}{4}=8$

より **C(8)**

(2) $\dfrac{-5\times(-2)+1\times6}{1-5}=\dfrac{16}{-4}=-4$

より **D(−4)**

(3) $\dfrac{-3\times(-2)+5\times6}{5-3}=\dfrac{36}{2}=18$ より **E(18)**

(4) $\dfrac{-5\times(-2)+3\times6}{3-5}=\dfrac{28}{-2}=-14$

より **F(−14)**

102 点Cの座標は $\dfrac{3\times(-1)+5\times7}{5+3}=\dfrac{32}{8}=4$

点Dの座標は $\dfrac{-3\times(-1)+5\times7}{5-3}=\dfrac{38}{2}$

$=19$

(1) CD$=|19-4|=$**15**

(2) CB：BD$=|7-4|:|19-7|=3:12=1:4$

点BはCDを **1：4 に内分する。**

(3) CA：AD$=|-1-4|:|19-(-1)|=5:20=1:4$

点AはCDを **1：4 に外分する。**

103 点A(3, −4)は**第4象限**の点

点B, C, Dの座標は

B(3, 4), C(−3, −4), D(−3, 4)

104 (1) $\text{AB}=\sqrt{(5-1)^2+(5-2)^2}$

$=\sqrt{16+9}=\sqrt{25}=\mathbf{5}$

(2) $\text{OD}=\sqrt{3^2+(-4)^2}=\sqrt{9+16}=\sqrt{25}=\mathbf{5}$

(3) $\text{DE}=\sqrt{(-2-3)^2+(-4-8)^2}$

$=\sqrt{25+144}=\sqrt{169}=\mathbf{13}$

(4) $\text{FG}=\sqrt{(7-6)^2+\{-3-(-3)\}^2}=\sqrt{1+0}=\mathbf{1}$

別解 点Fと点Gの y 座標は一致しているから

FG$=|7-6|=$**1**

105 (1) AB=5 より

$\sqrt{(x-0)^2+\{1-(-2)\}^2}=5$

ゆえに $x^2+9=25$

よって，$x^2=16$ より $\boldsymbol{x=\pm4}$

(2) CD=10 より

$\sqrt{\{x-(-1)\}^2+\{4-(-2)\}^2}=10$

ゆえに $(x+1)^2+36=100$

よって，$(x+1)^2=64$ より $x+1=\pm8$

したがって $\boldsymbol{x=7,\ -9}$

(3) $\text{EF}=\sqrt{13}$ より $\sqrt{(-2-1)^2+(y-3)^2}=\sqrt{13}$

ゆえに $(y-3)^2+9=13$

よって，$(y-3)^2=4$ より $y-3=\pm2$

したがって $\boldsymbol{y=1,\ 5}$

106 (1) $\left(\dfrac{1\times(-1)+2\times5}{2+1},\ \dfrac{1\times4+2\times(-2)}{2+1}\right)$

より **(3, 0)**

(2) $\left(\dfrac{5\times(-1)+1\times5}{1+5},\ \dfrac{5\times4+1\times(-2)}{1+5}\right)$

より **(0, 3)**

(3) $\left(\dfrac{-1+5}{2},\ \dfrac{4+(-2)}{2}\right)$ より **(2, 1)**

(4) $\left(\dfrac{-5\times(-1)+2\times5}{2-5},\ \dfrac{-5\times4+2\times(-2)}{2-5}\right)$

より **(−5, 8)**

107 (1) $\left(\dfrac{0+3+6}{3},\ \dfrac{1+4+(-2)}{3}\right)$

より **(3, 1)**

(2) $\left(\dfrac{5+(-2)+3}{3},\ \dfrac{(-2)+1+(-5)}{3}\right)$

より **(2, −2)**

108 C$(a,\ b)$ とおくと

$\dfrac{5+2+a}{3}=1,\ \dfrac{-2+6+b}{3}=2$

ゆえに $a=-4,\ b=2$

よって **C(−4, 2)**

109 (1) 対角線ACの中点Mの座標は

$\left(\dfrac{-1+7}{2},\ \dfrac{3+1}{2}\right)$ より **M(3, 2)**

(2) D$(a,\ b)$ とおくと，BDの中点がMであるから

$\dfrac{2+a}{2}=3,\ \dfrac{-2+b}{2}=2$

ゆえに $a=4,\ b=6$

よって **D(4, 6)**

110 点Pは x 軸上，点Qは y 軸上にあるから，

P$(a,\ 0)$，Q$(0,\ b)$ とおく。

(1) $AP^2=BP^2$ より

$(a-1)^2+(0-2)^2=(a-3)^2+(0-4)^2$

整理すると　$4a=20$　　ゆえに　$a=5$

よって，点 P の座標は　**(5, 0)**

また，$AQ^2=BQ^2$ より

$(0-1)^2+(b-2)^2=(0-3)^2+(b-4)^2$

整理すると　$4b=20$　　ゆえに　$b=5$

よって，点 Q の座標は　**(0, 5)**

(2) $CP^2=DP^2$ より

$\{a-(-5)\}^2+(0-2)^2=(a-3)^2+\{0-(-5)\}^2$

整理すると　$16a=5$　　ゆえに　$a=\frac{5}{16}$

よって，点 P の座標は　$\left(\boldsymbol{\frac{5}{16}},\ \boldsymbol{0}\right)$

また，$CQ^2=DQ^2$ より

$\{0-(-5)\}^2+(b-2)^2=(0-3)^2+\{b-(-5)\}^2$

整理すると　$14b=-5$　　ゆえに　$b=-\frac{5}{14}$

よって，点 Q の座標は　$\left(\boldsymbol{0},\ \boldsymbol{-\frac{5}{14}}\right)$

111　$AB^2=\{-4-(-2)\}^2+(-1-3)^2=20$

$BC^2=\{2-(-4)\}^2+\{(1-(-1)\}^2=40$

$CA^2=(-2-2)^2+(3-1)^2=20$

ゆえに　AB=CA　かつ　$AB^2+CA^2=BC^2$

よって，△ABC は

∠A が直角の直角二等辺三角形である。

112　点 Q の座標を $(a,\ b)$ とすると

線分 PQ の中点が点 A であるから

$\frac{5+a}{2}=2,\ \frac{2+b}{2}=-1$

ゆえに　$a=-1,\ b=-4$

よって　**Q(−1, −4)**

113　次の図のように，2 点 B，C を x 軸上にとり

$A(a,\ b),\ B(-c,\ 0),\ C(c,\ 0)$

とすると，△ABC の重心 G の座標は

$\left(\frac{a+(-c)+c}{3},\ \frac{b+0+0}{3}\right)$

より　$G\left(\frac{a}{3},\ \frac{b}{3}\right)$

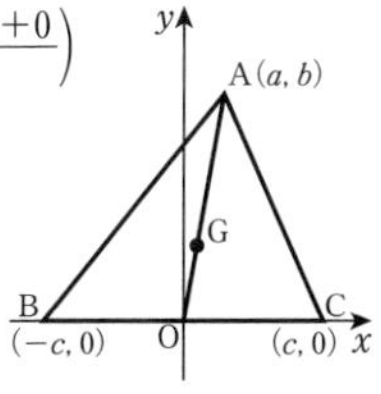

$AB^2+BC^2+CA^2$

$=\{(-c-a)^2+(0-b)^2\}$

$+\{c-(-c)\}^2$

$+\{(a-c)^2+(b-0)^2\}$

$=2a^2+2b^2+6c^2$

$GA^2+GB^2+GC^2$

$=\left\{\left(a-\frac{a}{3}\right)^2+\left(b-\frac{b}{3}\right)^2\right\}+\left\{\left(-c-\frac{a}{3}\right)^2+\left(0-\frac{b}{3}\right)^2\right\}$

$+\left\{\left(c-\frac{a}{3}\right)^2+\left(0-\frac{b}{3}\right)^2\right\}$

$=\frac{2a^2+2b^2+6c^2}{3}$

よって　$AB^2+BC^2+CA^2=3(GA^2+GB^2+GC^2)$

114　右の図のように，E を原点，3 点 B，C，D を x 軸上にとり，

$A(a,\ b),\ B(-2c,\ 0)$

$C(c,\ 0),\ D(-c,\ 0)$

とする。

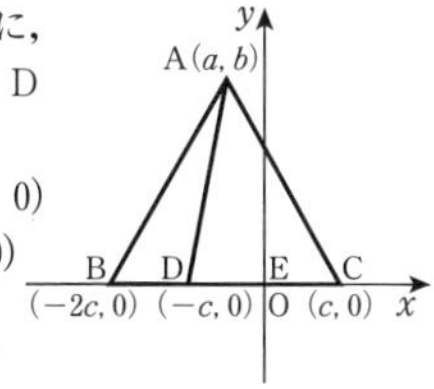

AB^2+AC^2

$=\{(-2c-a)^2+(0-b)^2\}+\{(c-a)^2+(0-b)^2\}$

$=2a^2+2b^2+5c^2+2ac$

$AD^2+AE^2+4DE^2$

$=\{(-c-a)^2+(0-b)^2\}+(a^2+b^2)+4\{0-(-c)\}^2$

$=2a^2+2b^2+5c^2+2ac$

よって　$AB^2+AC^2=AD^2+AE^2+4DE^2$

115　下の図のようになる。

(1) $y=3x-2$

(2) $y=-x+2$

(3) $y=1$

(4) $y=\frac{1}{3}x-1$

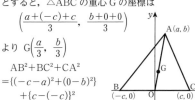

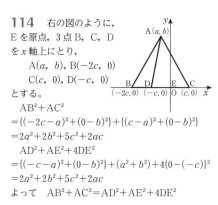

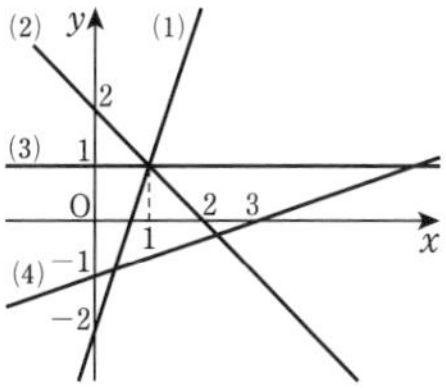

116　(1) $y-3=2(x-4)$ すなわち　$\boldsymbol{y=2x-5}$

(2) $y-5=-3\{x-(-1)\}$ すなわち　$\boldsymbol{y=-3x+2}$

117　(1) $y-2=\frac{6-2}{5-4}(x-4)$　すなわち

$\boldsymbol{y=4x-14}$

(2) $y-3=\frac{-5-3}{3-2}(x-2)$　すなわち

$\boldsymbol{y=-8x+19}$

(3) $y-4=\frac{-4-4}{1-(-1)}\{x-(-1)\}$　すなわち

$\boldsymbol{y=-4x}$

(4) $y-0=\frac{6-0}{0-(-2)}\{x-(-2)\}$　すなわち

$\boldsymbol{y=3x+6}$

(5) $y-(-1)=\dfrac{-1-(-1)}{3-(-3)}\{x-(-3)\}$ すなわち

$\boldsymbol{y=-1}$

(6) 2点の x 座標が一致するから $\boldsymbol{x=2}$

118 (1) 2点 $(-2,\ 4)$，$(6,\ 0)$ を通るから

$y-4=\dfrac{0-4}{6-(-2)}\{x-(-2)\}$ すなわち

$\boldsymbol{y=-\dfrac{1}{2}x+3}$

(2) 2点 $(1,\ 2)$，$(3,\ -4)$ を通るから

$y-2=\dfrac{-4-2}{3-1}(x-1)$ すなわち

$\boldsymbol{y=-3x+5}$

(3) 2点の x 座標が一致するから $\boldsymbol{x=3}$

119 (1) $x-3y+6=0$ を変形すると

$y=\dfrac{1}{3}x+2$

よって，傾きは $\boldsymbol{\dfrac{1}{3}}$，$y$ 切片は **2**

(2) $\dfrac{x}{3}+\dfrac{y}{2}=1$ を変形すると $y=-\dfrac{2}{3}x+2$

よって，傾きは $\boldsymbol{-\dfrac{2}{3}}$，$y$ 切片は **2**

120 2点 $(2,\ 0)$，$(0,\ -3)$ を通るから

$y-0=\dfrac{-3-0}{0-2}(x-2)$

すなわち $\boldsymbol{3x-2y-6=0}$

別解 教科書 p.72 練習 14 より

$\dfrac{x}{2}+\dfrac{y}{-3}=1$ すなわち $\boldsymbol{3x-2y-6=0}$

121 (1) 連立方程式 $\begin{cases}2x-3y+1=0\\x+2y-3=0\end{cases}$

を解くと $x=1$，$y=1$

よって，点Aの座標は $\boldsymbol{(1,\ 1)}$

(2) 2点A，Bを通る直線の方程式は

$y-1=\dfrac{3-1}{(-1)-1}(x-1)$ すなわち

$\boldsymbol{y=-x+2}$

122 (1) 2点A，Bを通る直線の方程式は

$y-3=\dfrac{-3-3}{7-1}(x-1)$ すなわち $y=-x+4$

この直線上に点 $C(a,\ 4)$ があるから

$4=-a+4$ ゆえに $\boldsymbol{a=0}$

(2) 2点A，Bを通る直線の方程式は

$y-a=\dfrac{-4-a}{1-5}(x-5)$

この直線上に点 $C(a+3,\ 2)$ があるから

$2-a=\dfrac{a+4}{4}(a-2)$ より $a^2+6a-16=0$

すなわち $(a+8)(a-2)=0$

ゆえに $\boldsymbol{a=-8,\ 2}$

123 2直線の交点を通る直線の方程式は，k を定数として，次のように表される。

$2x+5y-3+k(3x-2y+8)=0$ ……①

この直線が点 $(-2,\ 3)$ を通るから

$2\times(-2)+5\times3-3+k\{3\times(-2)-2\times3+8\}=0$

より $k=2$

これを①に代入して整理すると

$\boldsymbol{8x+y+13=0}$

124 直線 $(2k+1)x-(k+3)y-3k+1=0$ を変形すると $(2x-y-3)k+(x-3y+1)=0$

よって $\begin{cases}2x-y-3=0\\x-3y+1=0\end{cases}$

ならば，どのような k の値に対しても

$(2x-y-3)k+(x-3y+1)=0$

が成り立つ。

この連立方程式を解くと

$x=2$，$y=1$

したがって，この直線は k の値に関係なく

定点 $(2,\ 1)$ を通る。

125 それぞれの直線の傾きは

① 3　② 4　③ -1　④ -3

⑤ $4x+y+6=0$ を変形すると $y=-4x-6$

より -4

⑥ $4x-4y-3=0$ を変形すると $y=x-\dfrac{3}{4}$

より 1

⑦ $12x-4y+5=0$ を変形すると $y=3x+\dfrac{5}{4}$

より 3

⑧ $3x-12y=6$ を変形すると $y=\dfrac{1}{4}x-\dfrac{1}{2}$

より $\dfrac{1}{4}$

傾きが等しいのは①と⑦だけである。

傾きの積が -1 であるものは

③と⑥の　$-1\times1=-1$

⑤と⑧の　$-4\times\frac{1}{4}=-1$

よって，互いに平行なのは　①**と**⑦

互いに垂直なのは　③**と**⑥，⑤**と**⑧

126 (1)　直線 $y=3x-4$ の傾きは 3 である。

よって，点 $(1,\ 2)$ を通り，直線 $y=3x-4$ に平行な直線の方程式は

$y-2=3(x-1)$

すなわち　$3x-y-1=0$

また，直線 $y=3x-4$ に垂直な直線の傾きを m とすると

$3\times m=-1$ より　$m=-\frac{1}{3}$

したがって，点 $(1,\ 2)$ を通り，直線 $y=3x-4$ に垂直な直線の方程式は

$y-2=-\frac{1}{3}(x-1)$　すなわち　$x+3y-7=0$

以上より，点 $(1,\ 2)$ を通り，直線 $y=3x-4$ に

平行な直線の方程式は　$\boldsymbol{3x-y-1=0}$

垂直な直線の方程式は　$\boldsymbol{x+3y-7=0}$

(2)　直線 $x-y-5=0$ を l とする。

$x-y-5=0$ を変形すると　$y=x-5$ であるから，直線 l の傾きは 1 である。

よって，点 $(1,\ 2)$ を通り，直線 l に平行な直線の方程式は

$y-2=1(x-1)$

すなわち　$x-y+1=0$

また，直線 l に垂直な直線の傾きを m とすると

$1\times m=-1$ より　$m=-1$

したがって，点 $(1,\ 2)$ を通り，直線 l に垂直な直線の方程式は

$y-2=-1(x-1)$　すなわち　$x+y-3=0$

以上より，点 $(1,\ 2)$ を通り，直線 l に

平行な直線の方程式は　$\boldsymbol{x-y+1=0}$

垂直な直線の方程式は　$\boldsymbol{x+y-3=0}$

(3)　直線 $2x+y+1=0$ を l とする。

$2x+y+1=0$ を変形すると　$y=-2x-1$ であるから，直線 l の傾きは -2 である。

よって，点 $(1,\ 2)$ を通り，直線 l に平行な直線の方程式は

$y-2=-2(x-1)$　すなわち　$2x+y-4=0$

また，直線 l に垂直な直線の傾きを m とすると

$-2\times m=-1$ より　$m=\frac{1}{2}$

したがって，点 $(1,\ 2)$ を通り，直線 l に垂直な直線の方程式は

$y-2=\frac{1}{2}(x-1)$　すなわち　$x-2y+3=0$

以上より，点 $(1,\ 2)$ を通り，直線 l に

平行な直線の方程式は　$\boldsymbol{2x+y-4=0}$

垂直な直線の方程式は　$\boldsymbol{x-2y+3=0}$

(4)　点 $(1,\ 2)$ を通り，直線 $x=4$ に

平行な直線の方程式は

$\boldsymbol{x=1}$

垂直な直線の方程式は

$\boldsymbol{y=2}$

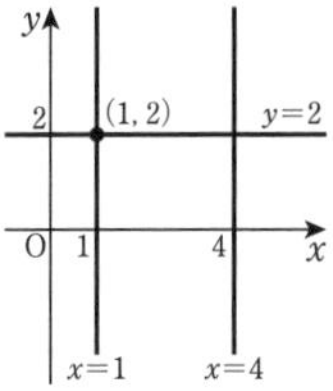

参考　$a\neq0$，$b\neq0$ のとき，直線 $ax+by+c=0$ の傾きは，$y=-\frac{a}{b}x-\frac{c}{b}$ より　$-\frac{a}{b}$

点 $(x_1,\ y_1)$ を通り，直線 $ax+by+c=0$ に平行な直線の方程式は

$y-y_1=-\frac{a}{b}(x-x_1)$ より

$a(x-x_1)+b(y-y_1)=0$　……①

と表せる。

垂直な直線の方程式は

$y-y_1=\frac{b}{a}(x-x_1)$ より

$b(x-x_1)-a(y-y_1)=0$　……②

と表せる。

①，②を用いると(1)～(3)は次のようにして解くことができる。

(1)　$y=3x-4$ は $3x-y-4=0$ と変形できる。

よって，$(1,\ 2)$ を通り，直線 $y=3x-4$ に平行な直線の方程式は

$3(x-1)-(y-2)=0$ より

$\boldsymbol{3x-y-1=0}$

垂直な直線の方程式は

$-(x-1)-3(y-2)=0$ より

$\boldsymbol{x+3y-7=0}$

(2)　$(1,\ 2)$ を通り，直線 $x-y-5=0$ に

平行な直線の方程式は

$(x-1)-(y-2)=0$ より

$\boldsymbol{x-y+1=0}$

垂直な直線の方程式は

$-(x-1)-(y-2)=0$ より
$\boldsymbol{x+y-3=0}$

(3) (1, 2) を通り，直線 $2x+y+1=0$ に平行な直線の方程式は
$2(x-1)+(y-2)=0$ より
$\boldsymbol{2x+y-4=0}$
垂直な直線の方程式は
$(x-1)-2(y-2)=0$ より
$\boldsymbol{x-2y+3=0}$

127 (1) 原点Oと直線 $4x+3y-1=0$ の距離 d は
$$d=\frac{|-1|}{\sqrt{4^2+3^2}}=\frac{1}{\sqrt{25}}=\boldsymbol{\frac{1}{5}}$$
(2) 原点Oと直線 $x-y+2=0$ の距離 d は
$$d=\frac{|2|}{\sqrt{1^2+(-1)^2}}=\frac{2}{\sqrt{2}}=\boldsymbol{\sqrt{2}}$$
(3) $y=3x+5$ を変形すると $3x-y+5=0$
よって，原点Oと直線 $y=3x+5$ の距離 d は
$$d=\frac{|5|}{\sqrt{3^2+(-1)^2}}=\frac{5}{\sqrt{10}}=\boldsymbol{\frac{\sqrt{10}}{2}}$$
(4) $x=-2$ は $x+0\cdot y+2=0$ と表せる。
よって，原点Oと直線 $x=-2$ の距離 d は
$$d=\frac{|2|}{\sqrt{1^2+0^2}}=\boldsymbol{2}$$

128 (1) 点 (3, 2) と直線 $x-y+3=0$ の距離 d は
$$d=\frac{|3-2+3|}{\sqrt{1^2+(-1)^2}}=\frac{4}{\sqrt{2}}=\boldsymbol{2\sqrt{2}}$$
(2) 点 (3, 2) と直線 $5x-12y-4=0$ の距離 d は
$$d=\frac{|5\times3-12\times2-4|}{\sqrt{5^2+(-12)^2}}=\frac{13}{\sqrt{169}}=\boldsymbol{1}$$
(3) $y=2x+1$ を変形すると $2x-y+1=0$
よって，点 (3, 2) と直線 $y=2x+1$ の距離 d は
$$d=\frac{|2\times3-2+1|}{\sqrt{2^2+(-1)^2}}=\frac{5}{\sqrt{5}}=\boldsymbol{\sqrt{5}}$$
(4) $y=6$ は $0\cdot x+y-6=0$ と表せる。
よって，点 (3, 2) と直線 $y=6$ の距離 d は
$$d=\frac{|0\times3+2-6|}{\sqrt{0^2+1^2}}=\boldsymbol{4}$$

129 (1) 直線 $x+y+1=0$ を l とする。
直線 l に関して点 A(3, 2) と対称な点Bの座標を $(a,\ b)$ とする。
直線 l の傾きは -1
直線 AB の傾きは $\dfrac{b-2}{a-3}$
直線 l と直線 AB は垂直であるから
$-1\times\dfrac{b-2}{a-3}=-1$ より
$a-b=1$ ……①
また，線分 AB の中点 $\left(\dfrac{a+3}{2},\ \dfrac{b+2}{2}\right)$ は直線 l 上の点であるから
$\dfrac{a+3}{2}+\dfrac{b+2}{2}+1=0$ より
$a+b=-7$ ……②
①，②より $\begin{cases}a-b=1\\a+b=-7\end{cases}$
これを解いて $a=-3,\ b=-4$
したがって，B の座標は $\boldsymbol{(-3,\ -4)}$

(2) 直線 $4x-2y-3=0$ を l とする。
直線 l に関して点 A(4, −1) と対称な点Bの座標を $(a,\ b)$ とする。
直線 l の傾きは 2
直線 AB の傾きは $\dfrac{b+1}{a-4}$
直線 l と直線 AB は垂直であるから
$2\times\dfrac{b+1}{a-4}=-1$ より
$a+2b=2$ ……①
また，線分 AB の中点 $\left(\dfrac{a+4}{2},\ \dfrac{b-1}{2}\right)$ は直線 l 上の点であるから
$4\times\dfrac{a+4}{2}-2\times\dfrac{b-1}{2}-3=0$ より
$2a-b=-6$ ……②
①，②より $\begin{cases}a+2b=2\\2a-b=-6\end{cases}$
これを解いて $a=-2,\ b=2$
したがって，B の座標は $\boldsymbol{(-2,\ 2)}$

130 線分 AB の中点の座標は
$\left(\dfrac{-1+5}{2},\ \dfrac{2+4}{2}\right)$ より (2, 3)
直線 AB の傾きは $\dfrac{4-2}{5-(-1)}=\dfrac{1}{3}$
求める垂直二等分線の傾きを m とすると
$\dfrac{1}{3}\times m=-1$ より $m=-3$
よって，求める垂直二等分線の方程式は，
点 (2, 3) を通り傾きが −3 の直線の方程式であ

るから

$y-3=-3(x-2)$ すなわち $\boldsymbol{3x+y-9=0}$

131 (1) $AB=\sqrt{(2-1)^2+(4-1)^2}=\boldsymbol{\sqrt{10}}$

(2) $y-1=\dfrac{4-1}{2-1}(x-1)$ より $\boldsymbol{3x-y-2=0}$

(3) $d=\dfrac{|3\times(-2)-1\times1-2|}{\sqrt{3^2+(-1)^2}}=\dfrac{9}{\sqrt{10}}=\boldsymbol{\dfrac{9\sqrt{10}}{10}}$

(4) $\triangle ABC=\dfrac{1}{2}AB\times d=\dfrac{1}{2}\times\sqrt{10}\times\dfrac{9}{\sqrt{10}}=\boldsymbol{\dfrac{9}{2}}$

132 直線 $y=3x$ と平行な直線を $y=3x+n$ とおく。$3x-y+n=0$ より，原点とこの直線の距離は $\dfrac{|n|}{\sqrt{3^2+(-1)^2}}=\dfrac{|n|}{\sqrt{10}}$

この値が $\sqrt{10}$ より $\dfrac{|n|}{\sqrt{10}}=\sqrt{10}$

ゆえに $n=\pm10$

よって，求める直線の方程式は

$\boldsymbol{y=3x+10,\ y=3x-10}$

133 (1) 直線 AC の傾きは $\dfrac{0-4}{4-0}=-1$

垂線 BP の傾きを m とすると

$-1\times m=-1$ より $m=1$

よって，垂線 BP の方程式は，点 $B(-2,\ 0)$ を通り，傾き 1 の直線の方程式であるから

$y-0=1\cdot\{x-(-2)\}$

すなわち $\boldsymbol{x-y+2=0}$

(2) 直線 AB の傾きは $\dfrac{0-4}{-2-0}=2$

垂線 CQ の傾きを m' とすると

$2\times m'=-1$ より $m'=-\dfrac{1}{2}$

よって，垂線 CQ の方程式は，点 $C(4,\ 0)$ を通り，傾き $-\dfrac{1}{2}$ の直線の方程式であるから

$y-0=-\dfrac{1}{2}(x-4)$

すなわち $\boldsymbol{x+2y-4=0}$

(3) 連立方程式 $\begin{cases}x-y+2=0\\x+2y-4=0\end{cases}$ を解くと

$x=0,\ y=2$

よって，BP と CQ の交点の座標は $\boldsymbol{(0,\ 2)}$

(4) 頂点Aから対辺 BC に引いた垂線は y 軸であり，BP と CQ の交点 $(0,\ 2)$ は y 軸上の点であるから，各頂点から引いた 3 つの垂線は 1 点 $(0,\ 2)$ で交わる。

134 (1) $\{x-(-2)\}^2+(y-1)^2=4^2$ すなわち

$\boldsymbol{(x+2)^2+(y-1)^2=16}$

(2) $x^2+y^2=4^2$ すなわち $\boldsymbol{x^2+y^2=16}$

(3) $(x-3)^2+\{y-(-2)\}^2=1^2$ すなわち

$\boldsymbol{(x-3)^2+(y+2)^2=1}$

(4) $\{x-(-3)\}^2+(y-4)^2=(\sqrt{5})^2$ すなわち

$\boldsymbol{(x+3)^2+(y-4)^2=5}$

135 (1) 求める円の半径を r とすると

$r=\sqrt{2^2+1^2}=\sqrt{5}$

よって $(x-2)^2+(y-1)^2=(\sqrt{5})^2$

すなわち $\boldsymbol{(x-2)^2+(y-1)^2=5}$

(2) 求める円の半径を r とすると

$r=\sqrt{(-2-1)^2+\{1-(-3)\}^2}=5$

よって $(x-1)^2+(y+3)^2=5^2$

すなわち $\boldsymbol{(x-1)^2+(y+3)^2=25}$

(3) 円が x 軸と接しているから，この円の半径 r は中心の y 座標の絶対値と等しい。

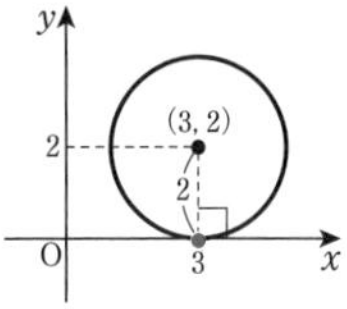

ゆえに $r=|2|=2$

よって $(x-3)^2+(y-2)^2=2^2$

すなわち $\boldsymbol{(x-3)^2+(y-2)^2=4}$

(4) 円が y 軸と接しているから，この円の半径 r は中心の x 座標の絶対値と等しい。

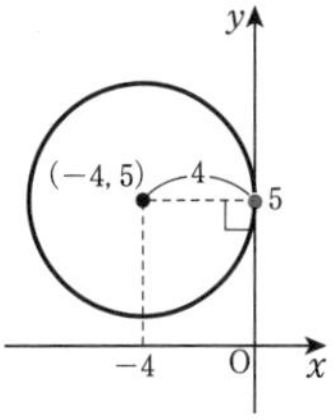

ゆえに

$r=|-4|=4$

よって

$(x+4)^2+(y-5)^2=4^2$

すなわち $\boldsymbol{(x+4)^2+(y-5)^2=16}$

136 円の中心を $C(a,\ b)$，半径を r とする。

(1) $a=\dfrac{3+(-5)}{2}=-1,\ b=\dfrac{7+1}{2}=4$ より

$C(-1,\ 4)$

また，$r=CA$ より

$r=\sqrt{\{3-(-1)\}^2+(7-4)^2}=\sqrt{25}=5$

よって，求める円の方程式は

$\{x-(-1)\}^2+(y-4)^2=5^2$

すなわち $\boldsymbol{(x+1)^2+(y-4)^2=25}$

(2) $a=\dfrac{-1+3}{2}=1$, $b=\dfrac{2+4}{2}=3$ より　C(1, 3)

また，$r=\mathrm{CA}$ より

$r=\sqrt{(-1-1)^2+(2-3)^2}=\sqrt{5}$

よって，求める円の方程式は

$(x-1)^2+(y-3)^2=(\sqrt{5})^2$

すなわち　$\boldsymbol{(x-1)^2+(y-3)^2=5}$

137　(1) $x^2+y^2-6x+10y+16=0$ を変形すると

$x^2-6x+y^2+10y+16=0$

$(x-3)^2-9+(y+5)^2-25+16=0$

すなわち　$(x-3)^2+(y+5)^2=(3\sqrt{2})^2$

これは，**中心が点 (3, −5) で，半径 $3\sqrt{2}$ の円**を表す。

(2) $x^2+y^2-4x-6y+4=0$ を変形すると

$x^2-4x+y^2-6y+4=0$

$(x-2)^2-4+(y-3)^2-9+4=0$

すなわち　$(x-2)^2+(y-3)^2=3^2$

これは，**中心が点 (2, 3) で，半径 3 の円**を表す。

(3) $x^2+y^2=2y$ を変形すると

$x^2+y^2-2y=0$

$x^2+(y-1)^2-1=0$

すなわち　$x^2+(y-1)^2=1^2$

これは，**中心が点 (0, 1) で，半径 1 の円**を表す。

(4) $x^2+y^2+8x-9=0$ を変形すると

$x^2+8x+y^2-9=0$

$(x+4)^2-16+y^2-9=0$

すなわち　$(x+4)^2+y^2=5^2$

これは，**中心が点 (−4, 0) で，半径 5 の円**を表す。

138　求める円の方程式を

$x^2+y^2+lx+my+n=0$

とおく。

(1) この円が点 (0, 0) を通るから　$n=0$

点 (1, 3) を通るから　$1+9+l+3m+n=0$

点 (−1, −1) を通るから

$1+1-l-m+n=0$

これらを整理すると

$$\begin{cases} n=0 & \cdots\cdots① \\ l+3m+n=-10 & \cdots\cdots② \\ l+m-n=2 & \cdots\cdots③ \end{cases}$$

①，②，③を解いて　$l=8$, $m=-6$

よって，求める円の方程式は

$\boldsymbol{x^2+y^2+8x-6y=0}$

(2) この円が点 (1, 2) を通るから

$1+4+l+2m+n=0$

点 (5, 2) を通るから

$25+4+5l+2m+n=0$

点 (3, 0) を通るから

$9+3l+n=0$

これらを整理すると

$$\begin{cases} l+2m+n=-5 & \cdots\cdots① \\ 5l+2m+n=-29 & \cdots\cdots② \\ 3l+n=-9 & \cdots\cdots③ \end{cases}$$

②−①より　$4l=-24$

ゆえに　$l=-6$　……④

④を③に代入して n を求めると

$n=9$

①に $l=-6$, $n=9$ を代入して m を求めると

$m=-4$

よって，求める円の方程式は

$\boldsymbol{x^2+y^2-6x-4y+9=0}$

139　(1) 求める円の半径を r，y 軸上にある中心を (0, b) とすると

$x^2+(y-b)^2=r^2$

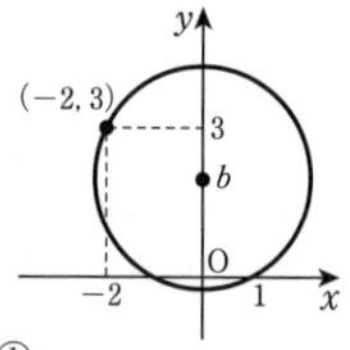

点 (−2, 3) を通るから

$(-2)^2+(3-b)^2=r^2$

点 (1, 0) を通るから

$1^2+(0-b)^2=r^2$

これらを整理すると

$$\begin{cases} b^2-6b+13=r^2 & \cdots\cdots① \\ b^2+1=r^2 & \cdots\cdots② \end{cases}$$

①−② より　$-6b+12=0$

$b=2$

これを②に代入すると　$r^2=5$

よって，求める円の方程式は

$\boldsymbol{x^2+(y-2)^2=5}$

中心は点 **(0, 2)**，半径は $\boldsymbol{\sqrt{5}}$

(2) 円が x 軸に接しているから，求める円の中心を (a, b) とすると

$(x-a)^2+(y-b)^2=b^2$

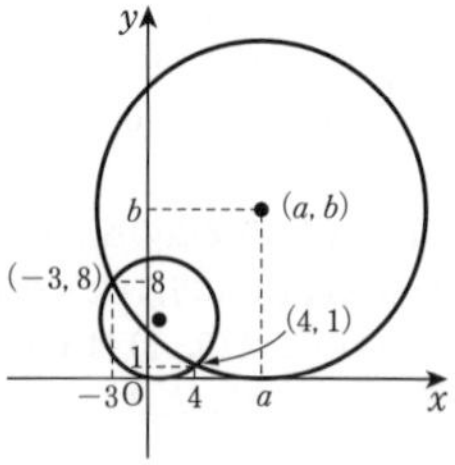

点 $(4,\ 1)$ を通るから

$(4-a)^2+(1-b)^2=b^2$

点 $(-3,\ 8)$ を通るから

$(-3-a)^2+(8-b)^2=b^2$

これらを整理すると

$\begin{cases} a^2-8a-2b+17=0 & \cdots\cdots① \\ a^2+6a-16b+73=0 & \cdots\cdots② \end{cases}$

①×8−② より

$7a^2-70a+63=0$

$a^2-10a+9=0$

$(a-1)(a-9)=0$

よって，$a=1,\ 9$

$a=1$ のとき，①より $b=5$

ゆえに　$\boldsymbol{(x-1)^2+(y-5)^2=25}$

中心は点 $(1,\ 5)$，半径は 5

$a=9$ のとき，①より $b=13$

ゆえに　$\boldsymbol{(x-9)^2+(y-13)^2=169}$

中心は点 $(9,\ 13)$，半径は 13

(3)　第 4 象限の点 $(2,\ -1)$ を通り，x 軸と y 軸の両方に接する円の中心は，第 4 象限にあるから求める円の半径を r とすると

$(x-r)^2+(y+r)^2=r^2$

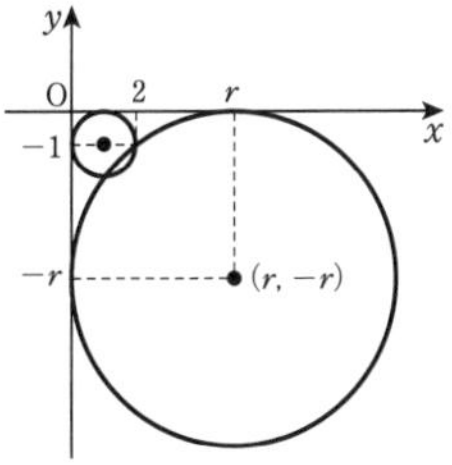

点 $(2,\ -1)$ を通るから

$(2-r)^2+(-1+r)^2=r^2$

$r^2-6r+5=0$

$(r-1)(r-5)=0$

よって，$r=1,\ 5$

$r=1$ のとき

$\boldsymbol{(x-1)^2+(y+1)^2=1}$

中心は点 $(1,\ -1)$，半径は 1

$r=5$ のとき

$\boldsymbol{(x-5)^2+(y+5)^2=25}$

中心は点 $(5,\ -5)$，半径は 5

140　$x^2+y^2+2mx+m+2=0$ を変形すると

$(x+m)^2-m^2+y^2+m+2=0$ より

$(x+m)^2+y^2=m^2-m-2$

この式は，$m^2-m-2>0$ のとき円を表すから

$m^2-m-2>0$ より

$(m+1)(m-2)>0$

よって，方程式 $x^2+y^2+2mx+m+2=0$ が円を表す m の値の範囲は

$\boldsymbol{m<-1,\ 2<m}$

141　求める円の半径を r，直線 $y=2x-1$ 上にある中心を $(t,\ 2t-1)$ とすると，円の方程式は

$(x-t)^2+(y-2t+1)^2=r^2$　……①

点 $(-1,\ 3)$ を通るから

$(-1-t)^2+(3-2t+1)^2=r^2$

点 $(5,\ 1)$ を通るから

$(5-t)^2+(1-2t+1)^2=r^2$

これらを整理すると

$\begin{cases} 5t^2-14t+17=r^2 & \cdots\cdots② \\ 5t^2-18t+29=r^2 & \cdots\cdots③ \end{cases}$

②−③ より　$4t-12=0$

すなわち，$t=3$

また，$t=3$ を②に代入すると

$r^2=5\times3^2-14\times3+17=20$

よって，求める円の方程式は，①より

$\boldsymbol{(x-3)^2+(y-5)^2=20}$

142　(1)　共有点の座標は，次の連立方程式の解である。

$\begin{cases} x^2+y^2=25 & \cdots\cdots① \\ y=x+1 & \cdots\cdots② \end{cases}$

②を①に代入して　$x^2+(x+1)^2=25$

これを整理して，$x^2+x-12=0$ より

$(x+4)(x-3)=0$

よって　$x=-4,\ 3$

②より，$x=-4$ のとき　$y=-3$

$x=3$ のとき　$y=4$

したがって，共有点の座標は

$\boldsymbol{(-4,\ -3),\ (3,\ 4)}$

(2)　共有点の座標は，次の連立方程式の解である。

$\begin{cases} x^2+y^2=10 & \cdots\cdots① \\ 3x+y-10=0 & \cdots\cdots② \end{cases}$

②より　$y=-3x+10$　……③

③を①に代入すると

$x^2+(-3x+10)^2=10$

これを整理して，$x^2-6x+9=0$ より

$(x-3)^2=0$

よって　$x=3$

③より，$x=3$ のとき　$y=1$

したがって，共有点の座標は **(3, 1)**

143 (1) $y=-2x+5$ を $x^2+y^2=6$ に代入して　$x^2+(-2x+5)^2=6$
すなわち　$5x^2-20x+19=0$ において
判別式 $D=(-20)^2-4\times5\times19=20>0$
よって，共有点の個数は **2個**
(2) $y=-2x+5$ を $x^2+y^2=5$ に代入して
$x^2+(-2x+5)^2=5$
すなわち　$x^2-4x+4=0$ において
判別式 $D=(-4)^2-4\times1\times4=0$
よって，共有点の個数は **1個**（接している）
(3) $y=-2x+5$ を $x^2+y^2=4$ に代入して
$x^2+(-2x+5)^2=4$
すなわち　$5x^2-20x+21=0$ において
判別式 $D=(-20)^2-4\times5\times21=-20<0$
よって，共有点の個数は **0個**

別解　原点と直線 $y=-2x+5$ すなわち
$2x+y-5=0$ との距離 d は
$d=\dfrac{|-5|}{\sqrt{2^2+1^2}}=\sqrt{5}$　であるから
(1) 円の半径は $\sqrt{6}$ で d より大きい。
ゆえに，この円と直線 $y=-2x+5$ の共有点の個数は **2個**
(2) 円の半径は $\sqrt{5}$ で d に等しい。
ゆえに，この円と直線 $y=-2x+5$ の共有点の個数は **1個**（接している）
(3) 円の半径は 2 で d より小さい。
ゆえに，この円と直線 $y=-2x+5$ の共有点の個数は **0個**

144 (1) $y=2x+m$ を $x^2+y^2=5$ に代入して整理すると
$5x^2+4mx+m^2-5=0$
この判別式を D とすると
$D=(4m)^2-4\times5\times(m^2-5)$
$=-4m^2+100=-4(m^2-25)$
円と直線が共有点をもつのは，$D\geqq0$ のときである。
よって　$-4(m^2-25)\geqq0$ より
$m^2-25\leqq0$
$(m+5)(m-5)\leqq0$
したがって，求める m の値の範囲は
$\boldsymbol{-5\leqq m\leqq5}$

別解　円の中心 (0, 0) と直線 $y=2x+m$ すなわち　$2x-y+m=0$ との距離 d は
$d=\dfrac{|m|}{\sqrt{2^2+(-1)^2}}=\dfrac{|m|}{\sqrt{5}}$
であるから，$d\leqq$(円の半径) ならば共有点をもつ。
円の半径は $\sqrt{5}$ より
$\dfrac{|m|}{\sqrt{5}}\leqq\sqrt{5}$　　ゆえに　$|m|\leqq5$
すなわち　$\boldsymbol{-5\leqq m\leqq5}$
(2) $3x+y=m$　すなわち　$y=-3x+m$ を $x^2+y^2=10$ に代入して整理すると
$10x^2-6mx+m^2-10=0$
この判別式を D とすると
$D=(-6m)^2-4\times10\times(m^2-10)$
$=-4m^2+400=-4(m^2-100)$
円と直線が共有点をもつのは，$D\geqq0$ のときである。
よって　$-4(m^2-100)\geqq0$ より
$m^2-100\leqq0$
$(m+10)(m-10)\leqq0$
したがって，求める m の値の範囲は
$\boldsymbol{-10\leqq m\leqq10}$

別解　円の中心 (0, 0) と直線 $3x+y=m$
すなわち　$3x+y-m=0$ との距離 d は
$d=\dfrac{|-m|}{\sqrt{3^2+1^2}}=\dfrac{|m|}{\sqrt{10}}$
であるから，$d\leqq$(円の半径) ならば共有点をもつ。
円の半径は $\sqrt{10}$ より
$\dfrac{|m|}{\sqrt{10}}\leqq\sqrt{10}$　　すなわち　$|m|\leqq10$
ゆえに　$\boldsymbol{-10\leqq m\leqq10}$

145 $y=x+m$ を $(x-1)^2+y^2=8$ に代入して整理すると
$2x^2+2(m-1)x+m^2-7=0$
この判別式を D とすると
$D=\{2(m-1)\}^2-4\times2\times(m^2-7)$
$=4(-m^2-2m+15)$
円と直線が共有点をもたないのは，$D<0$ のときであるから
$-m^2-2m+15<0$ より　$(m+5)(m-3)>0$
よって，求める m の値の範囲は
$\boldsymbol{m<-5,\ 3<m}$

別解　円の中心 (1, 0) と直線 $y=x+m$　すなわち　$x-y+m=0$ との距離 d は
$d=\dfrac{|1-0+m|}{\sqrt{1^2+(-1)^2}}=\dfrac{|1+m|}{\sqrt{2}}$

よって，$d>$(円の半径) ならば共有点をもたない。
円の半径は $\sqrt{8}$ であるから

$\dfrac{|1+m|}{\sqrt{2}}>\sqrt{8}$　すなわち　$|1+m|>4$

したがって　$1+m>4$　または　$1+m<-4$
ゆえに　$\boldsymbol{m<-5,\ 3<m}$

146 (1) 円 $x^2+y^2=r^2$ の中心は原点であり，原点と直線 $y=x+2$ すなわち $x-y+2=0$ の距離 d は

$$d=\frac{|2|}{\sqrt{1^2+(-1)^2}}=\sqrt{2}$$

ここで，円と直線が接するのは，$d=r$ のときであるから　$\boldsymbol{r=\sqrt{2}}$

(2) 円 $x^2+y^2=r^2$ の中心は原点であり，原点と直線 $3x-4y-15=0$ の距離 d は

$$d=\frac{|-15|}{\sqrt{3^2+(-4)^2}}=\frac{15}{5}=3$$

ここで，円と直線が接するのは，$d=r$ のときであるから　$\boldsymbol{r=3}$

147 (1) $\boldsymbol{-3x+4y=25}$
(2) $\boldsymbol{2x-y=5}$
(3) $3x+0\times y=9$　すなわち　$\boldsymbol{x=3}$
(4) $0\times x-4y=16$　すなわち　$\boldsymbol{y=-4}$

148 接点を $\mathrm{P}(x_1,\ y_1)$ とすると，点Pにおける接線の方程式は　$x_1x+y_1y=1$　……①
これが点 $\mathrm{A}(2,\ 1)$ を通ることから
　$2x_1+y_1=1$　……②
また，点Pは円 $x^2+y^2=1$ 上の点であるから
　${x_1}^2+{y_1}^2=1$　……③
②より　$y_1=-2x_1+1$　……④
④を③に代入すると
　${x_1}^2+(-2x_1+1)^2=1$
整理すると　$5{x_1}^2-4x_1=0$　より　$x_1(5x_1-4)=0$
ゆえに　$x_1=0,\ \dfrac{4}{5}$
④より　$x_1=0$ のとき　$y_1=1$
　$x_1=\dfrac{4}{5}$ のとき　$y_1=-\dfrac{3}{5}$
よって，接点Pは $(0,\ 1)$，$\left(\dfrac{4}{5},\ -\dfrac{3}{5}\right)$
である。したがって，求める接線は2本あり，①よりその方程式は
　$\boldsymbol{y=1,\ \dfrac{4}{5}x-\dfrac{3}{5}y=1}$
すなわち　$\boldsymbol{y=1,\ 4x-3y=5}$

149 $x-3y+m=0$ より　$x=3y-m$
これを $x^2+y^2=10$ に代入して整理すると
　$10y^2-6my+m^2-10=0$　……①
この2次方程式の判別式を D とすると

$$D=(-6m)^2-4\times10\times(m^2-10)$$
$$=-4m^2+400=-4(m^2-100)$$

円と直線が接するのは，$D=0$ であればよい。
　$-4(m^2-100)=0$ より　$m^2-100=0$
　$(m+10)(m-10)=0$
よって　$\boldsymbol{m=\pm10}$

・**$m=10$ のとき**，①より $10y^2-60y+90=0$ を解いて，$y=3$
　ゆえに　$x=3\times3-10=-1$
　よって，接点の座標は **$(-1,\ 3)$**
・**$m=-10$ のとき**，①より $10y^2+60y+90=0$ を解いて，$y=-3$
　ゆえに　$x=3\times(-3)+10=1$
　よって，接点の座標は **$(1,\ -3)$**

別解 (前半部分)
円の中心は原点であるから，原点と直線との距離が円の半径に等しいとき，円と直線は接する。
よって　$\dfrac{|m|}{\sqrt{1^2+(-3)^2}}=\sqrt{10}$　ゆえに　$|m|=10$
すなわち，$\boldsymbol{m=\pm10}$

150 $y=mx+2$ を $x^2+y^2+4y=0$ に代入して整理すると
　$(m^2+1)x^2+8mx+12=0$
この2次方程式の判別式を D とすると
　$D=(8m)^2-4\times(m^2+1)\times12=16(m^2-3)$
よって
$D>0$　すなわち　$\boldsymbol{m<-\sqrt{3},\ \sqrt{3}<m}$　**のとき**
　共有点は2個
$D=0$　すなわち　$\boldsymbol{m=\pm\sqrt{3}}$　**のとき**
　共有点は1個
$D<0$　すなわち　$\boldsymbol{-\sqrt{3}<m<\sqrt{3}}$　**のとき**
　共有点は0個（なし）

別解 円 $x^2+y^2+4y=0$ は $x^2+(y+2)^2=4$ となるから，中心の座標が $(0,\ -2)$，半径2の円である。中心 $(0,\ -2)$ と直線 $mx-y+2=0$ との距離 d は

$$d=\frac{|-(-2)+2|}{\sqrt{m^2+(-1)^2}}=\frac{4}{\sqrt{1+m^2}}$$

よって

・$d>2$　すなわち　$\dfrac{4}{\sqrt{1+m^2}}>2$ より

$2>\sqrt{1+m^2}$

両辺を2乗して　$4>1+m^2$ より $m^2<3$

よって

$-\sqrt{3}<m<\sqrt{3}$ のとき共有点は**0個**（なし）

・$d=2$　すなわち　$4=1+m^2$ より　$m^2=3$

$m=\pm\sqrt{3}$ のとき共有点は**1個**

・$d<2$　すなわち　$4<1+m^2$ より　$m^2>3$

$m<-\sqrt{3}$, $\sqrt{3}<m$ のとき共有点は**2個**

151　(1)　接点を $P(x_1, y_1)$ とすると，点Pにおける接線の方程式は

$x_1x+y_1y=25$　……①

これが点 $(7, 1)$ を通るから

$7x_1+y_1=25$　……②

点Pは円周上の点であるから

$x_1{}^2+y_1{}^2=25$　……③

②を代入すると

$x_1{}^2+(25-7x_1)^2=25$

$50x_1{}^2-2\times25\times7x_1+25^2-25=0$

$x_1{}^2-7x_1+12=0$

$(x_1-3)(x_1-4)=0$

ゆえに　$x_1=3, 4$

よって，②より

$x_1=3$ のとき　$y_1=4$

$x_1=4$ のとき　$y_1=-3$

したがって，接点の座標は

(3, 4)　および　**(4, −3)**

(2)　2点 $(3, 4)$，$(4, -3)$ を通る直線の方程式は

$y-4=\dfrac{-3-4}{4-3}(x-3)$

すなわち　$\boldsymbol{7x+y=25}$

注意　一般に，円 $x^2+y^2=r^2$ の外の点 $P(x_1, y_1)$ からこの円に引いた2つの接線の接点を結ぶ直線の方程式は　$x_1x+y_1y=r^2$ となる。

152　円 $x^2+y^2=4$ の中心 $(0, 0)$ と直線 $x+y+1=0$ との距離 d は

$\dfrac{|1|}{\sqrt{1^2+1^2}}=\dfrac{\sqrt{2}}{2}$

よって，弦の長さは，円の半径 $r=2$ より

$2\sqrt{r^2-d^2}=2\sqrt{4-\dfrac{1}{2}}=\sqrt{14}$

ゆえに，求める弦ABの長さは　$\boldsymbol{\sqrt{14}}$

153　2つの円の中心間の距離 d は

$d=\sqrt{3^2+1^2}=\sqrt{10}$

一方，求める円の半径を r とすると　$d=\sqrt{40}-r$

よって　$r=\sqrt{40}-d$

$=2\sqrt{10}-\sqrt{10}=\sqrt{10}$

したがって，求める円の方程式は

$(x-3)^2+(y-1)^2=(\sqrt{10})^2$ より

$\boldsymbol{(x-3)^2+(y-1)^2=10}$

154　2つの円の中心間の距離 d は

$d=\sqrt{8^2+4^2}=\sqrt{80}=4\sqrt{5}$

一方，求める円の半径を r とすると

$d=r+\sqrt{20}$

よって　$r=d-\sqrt{20}$

$=4\sqrt{5}-2\sqrt{5}=2\sqrt{5}$

したがって，求める円の方程式は

$(x-8)^2+(y-4)^2=(2\sqrt{5})^2$ より

$\boldsymbol{(x-8)^2+(y-4)^2=20}$

155　円①の中心の座標は $(1, 0)$，半径は2

円②の中心の座標は $(4, -4)$，半径は r

2つの円の中心間の距離 d は

$d=\sqrt{(4-1)^2+(-4-0)^2}=5$

よって，外接しているとき

$d=r+2$ すなわち $5=r+2$ より　$\boldsymbol{r=3}$

内接しているとき

$d=r-2$ すなわち $5=r-2$ より　$\boldsymbol{r=7}$

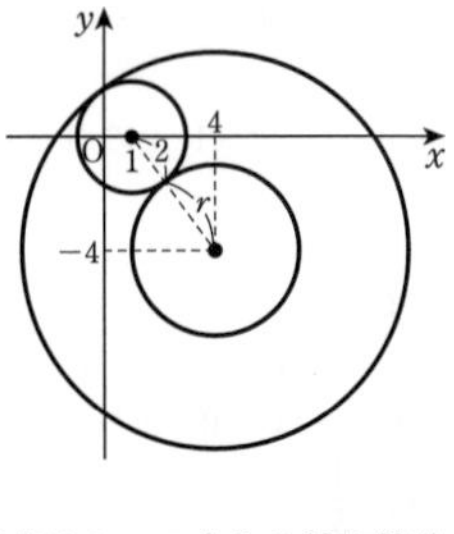

156　接点は2つの中心を結ぶ線分を，それぞれの半径の比に内分する点であるから，原点と点 $(4, -3)$ を結ぶ線分を $2:3$ に内分する点

すなわち　$\left(\dfrac{3\times0+2\times4}{2+3}, \dfrac{3\times0+2\times(-3)}{2+3}\right)$ より

$\boldsymbol{\left(\dfrac{8}{5}, -\dfrac{6}{5}\right)}$

別解　2つの円の中心の座標は $(0, 0)$，$(4, -3)$ であるから，この2点を通る直線の方程

式は

$y=-\dfrac{3}{4}x$ ……①

この直線と円 $x^2+y^2=4$ の交点が，2つの円の接点となる。

①を $x^2+y^2=4$ に代入して解くと　$x=\pm\dfrac{8}{5}$

2つの円の中心の x 座標は $x\geqq0$ であるから，接点の x 座標も $x\geqq0$ である。

ゆえに　$x=\dfrac{8}{5}$

これを①に代入すると

$y=-\dfrac{3}{4}\times\dfrac{8}{5}=-\dfrac{6}{5}$

よって，接点の座標は　$\left(\dfrac{8}{5},\ -\dfrac{6}{5}\right)$

157　2つの円の中心間の距離は，2つの円の中心の座標が $(1,\ r)$，$(r,\ 1)$ であるから

$\sqrt{(r-1)^2+(1-r)^2}=\sqrt{2(r-1)^2}$

2つの円の半径がいずれも r であるから

$\sqrt{2(r-1)^2}=2r$

この両辺を2乗して整理すると

$r^2+2r-1=0$

この2次方程式を解くと

$r=-1\pm\sqrt{2}$

よって，$r>0$ より　$\boldsymbol{r=\sqrt{2}-1}$

また，2つの円の接点は，2つの円の中心を結ぶ線分の中点 $\left(\dfrac{1+r}{2},\ \dfrac{r+1}{2}\right)$ である。

$\dfrac{1+r}{2}=\dfrac{1+\sqrt{2}-1}{2}=\dfrac{\sqrt{2}}{2}$

であるから，接点の座標は　$\left(\dfrac{\sqrt{2}}{2},\ \dfrac{\sqrt{2}}{2}\right)$

158　点Pの座標を $(x,\ y)$ とする。

(1)　AP=BP より

$\sqrt{(x-4)^2+y^2}=\sqrt{x^2+(y-2)^2}$

両辺を2乗すると

$x^2-8x+16+y^2=x^2+y^2-4y+4$

ゆえに，$2x-y-3=0$

よって，点Pの軌跡は**直線 $2x-y-3=0$** である。

(2)　AP=BP より

$\sqrt{(x+1)^2+(y-2)^2}=\sqrt{(x+2)^2+(y+5)^2}$

両辺を2乗すると

$x^2+2x+y^2-4y+5=x^2+4x+y^2+10y+29$

ゆえに，$x+7y+12=0$

よって，点Pの軌跡は**直線 $x+7y+12=0$** である。

(3)　$\{(x-2)^2+y^2\}-\{x^2+(y-1)^2\}=1$

ゆえに，$2x-y-1=0$

よって，点Pの軌跡は

直線 $2x-y-1=0$ である。

(4)　$\{(x+3)^2+y^2\}+\{(x-3)^2+y^2\}=20$

ゆえに，$x^2+y^2=1$

よって，点Pの軌跡は

中心が原点で，半径が1の円である。

159　点Pの座標を $(x,\ y)$ とする。

(1)　AP：BP=1：3 より　3AP=BP

ゆえに

$3\sqrt{(x+2)^2+y^2}=\sqrt{(x-6)^2+y^2}$

この両辺を2乗して整理すると

$x^2+6x+y^2=0$

より　$(x+3)^2+y^2=9$

よって，点Pの軌跡は

点 $(-3,\ 0)$ を中心とする半径3の円である。

(2)　AP：BP=2：1 より　AP=2BP

ゆえに

$\sqrt{x^2+(y+4)^2}=2\sqrt{x^2+(y-2)^2}$

この両辺を2乗して整理すると

$x^2+y^2-8y=0$

より　$x^2+(y-4)^2=16$

よって，点Pの軌跡は

点 $(0,\ 4)$ を中心とする半径4の円である。

160　(1)　2点M, Qの座標をそれぞれ $(x,\ y)$，$(s,\ t)$ とすると，点Qは円 $x^2+y^2=16$ 上の点であるから

$s^2+t^2=16$ ……①

一方，点Mは線分AQの中点であるから

$x=\dfrac{8+s}{2}$，$y=\dfrac{t}{2}$

よって

$\begin{cases} s=2x-8 & \cdots\cdots② \\ t=2y & \cdots\cdots③ \end{cases}$

②，③を①に代入すると

$(2x-8)^2+(2y)^2=16$

すなわち　$4(x-4)^2+4y^2=16$

ゆえに

$(x-4)^2+y^2=4$

したがって，点Mの軌跡は

点(4, 0) を中心とする半径 2 の円である。

(2)　2点P，Qの座標をそれぞれ $(x,\ y)$，$(s,\ t)$ とすると，点Qは円 $x^2+y^2=16$ 上の点であるから

$s^2+t^2=16$　……①

一方，点Pは線分AQを 3：1 に内分するから

$x=\dfrac{8+3s}{3+1}$，$y=\dfrac{3t}{3+1}$

よって

$\begin{cases} s=\dfrac{4x-8}{3} & \cdots\cdots② \\ t=\dfrac{4y}{3} & \cdots\cdots③ \end{cases}$

②，③を①に代入すると

$$\left(\frac{4x-8}{3}\right)^2+\left(\frac{4y}{3}\right)^2=16$$

すなわち　$\dfrac{16}{9}(x-2)^2+\dfrac{16}{9}y^2=16$

ゆえに　$(x-2)^2+y^2=9$

したがって，点Pの軌跡は

点 (2, 0) を中心とする半径 3 の円である。

161

2点P，Qの座標をそれぞれ $(x,\ y)$，$(s,\ t)$ とする。

$Q(s,\ t)$ は直線 $x-2y+2=0$ 上の点であるから

$s-2t+2=0$　……①

一方 $P(x,\ y)$ は，線分AQを 1：2 に内分する点であるから

$x=\dfrac{2\times2+s}{1+2}$，$y=\dfrac{2\times(-3)+t}{1+2}$

よって　$\begin{cases} s=3x-4 & \cdots\cdots② \\ t=3y+6 & \cdots\cdots③ \end{cases}$

②，③を①に代入すると

$(3x-4)-2(3y+6)+2=0$

すなわち　$3x-6y-14=0$

よって，点Pの軌跡は

直線 $3x-6y-14=0$ である。

162

点Pの座標を $(x,\ y)$ とする。

(1)　線分PBの中点がAであることから

$\dfrac{x+a}{2}=1$，$\dfrac{y+b}{2}=2$

ゆえに　$x=2-a$，$y=4-b$　……①

よって，$\mathbf{P(2-a,\ 4-b)}$

(2)　点Bは直線 $x-2y-1=0$ 上を動くから

$a-2b-1=0$　……②

①より

$\begin{cases} a=2-x & \cdots\cdots③ \\ b=4-y & \cdots\cdots④ \end{cases}$

③，④を②に代入すると

$(2-x)-2(4-y)-1=0$

すなわち　$x-2y+7=0$

よって，点Pの軌跡は

直線 $x-2y+7=0$ である。

163

2点M，Qの座標をそれぞれ $(x,\ y)$，$(s,\ t)$ とすると，点Qは放物線 $y=x^2$ 上の点であるから

$t=s^2$　……①

(1)　点Mは線分AQの中点であるから

$x=\dfrac{s}{2}$，$y=\dfrac{t+4}{2}$

よって　$\begin{cases} s=2x & \cdots\cdots② \\ t=2y-4 & \cdots\cdots③ \end{cases}$

②，③を①に代入して

$2y-4=(2x)^2$　すなわち　$y=2x^2+2$

よって，点Mの軌跡は

放物線 $y=2x^2+2$ である。

(2)　点Mは線分AQの中点であるから

$x=\dfrac{s+4}{2}$，$y=\dfrac{t-4}{2}$

よって　$\begin{cases} s=2x-4 & \cdots\cdots④ \\ t=2y+4 & \cdots\cdots⑤ \end{cases}$

④，⑤を①に代入して

$2y+4=(2x-4)^2$

すなわち　$y=2x^2-8x+6$

よって，点Mの軌跡は

放物線 $y=2x^2-8x+6$ である。

164

点Pの座標を $(x,\ y)$ とする。

点Pと2直線との距離が等しいから

$|y|=\dfrac{|x-y|}{\sqrt{1^2+(-1)^2}}$

ゆえに　$\sqrt{2}y=\pm(x-y)$

よって，求める点の軌跡は

$\sqrt{2}y=x-y$ と $\sqrt{2}y=-(x-y)$

すなわち

2直線 $x-(\sqrt{2}+1)y=0$，$x+(\sqrt{2}-1)y=0$

165

放物線の頂点Pの座標は

$y=x^2+2ax+2a^2+5a-4$

$=(x+a)^2+a^2+5a-4$ より

$P(-a,\ a^2+5a-4)$

ここで，$P(x,\ y)$ とすると

$x=-a,\ y=a^2+5a-4$

この2式から a を消去すると

$y=x^2-5x-4$

よって，求める軌跡は

放物線 $y=x^2-5x-4$

166 (1) 不等式 $y>2x-5$ の表す領域は，直線 $y=2x-5$ の上側である。
すなわち，右の図の斜線部分である。
ただし，境界線を含まない。

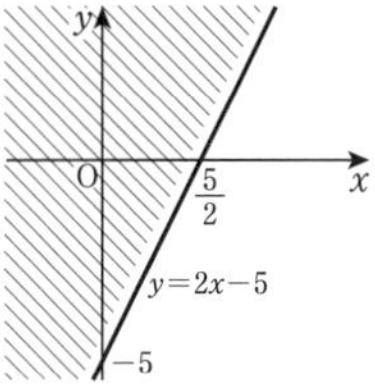

(2) 不等式 $y<-x-2$ の表す領域は，直線 $y=-x-2$ の下側である。
すなわち，右の図の斜線部分である。
ただし，境界線を含まない。

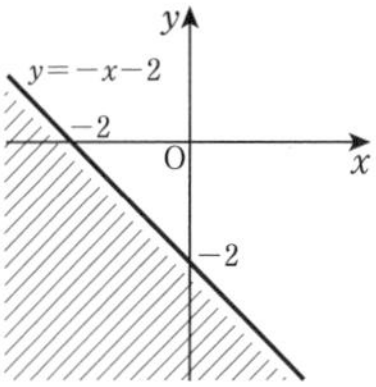

(3) 不等式 $y\geqq x+1$ の表す領域は，直線 $y=x+1$ およびその上側である。
すなわち，右の図の斜線部分である。
ただし，境界線を含む。

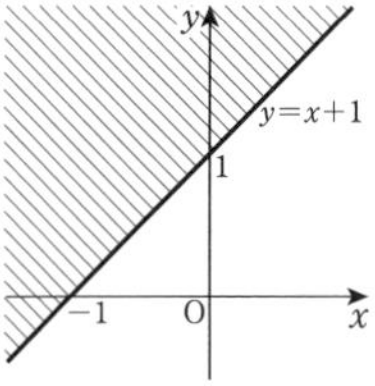

(4) 不等式 $y\leqq -3x+6$ の表す領域は，直線 $y=-3x+6$ およびその下側である。
すなわち，右の図の斜線部分である。
ただし，境界線を含む。

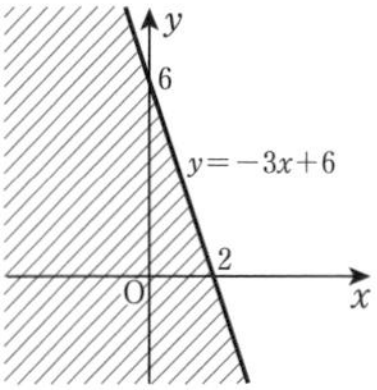

(5) 不等式 $2x-3y-6>0$ は $y<\dfrac{2}{3}x-2$ と変形できる。
よって，不等式 $2x-3y-6>0$ の表す領域は，直線 $y=\dfrac{2}{3}x-2$ の下側である。
すなわち，右の図の斜線部分である。
ただし，境界線を含まない。

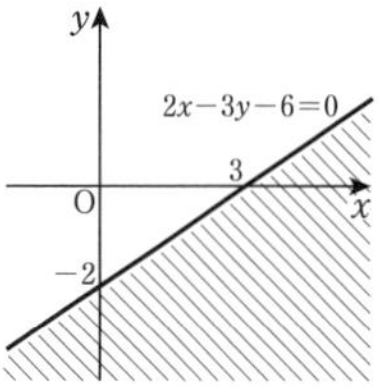

(6) 不等式 $x-2y+4\geqq 0$ は $y\leqq\dfrac{1}{2}x+2$ と変形できる。
よって，不等式 $x-2y+4\geqq 0$ の表す領域は，直線 $y=\dfrac{1}{2}x+2$ およびその下側である。
すなわち，右の図の斜線部分である。
ただし，境界線を含む。

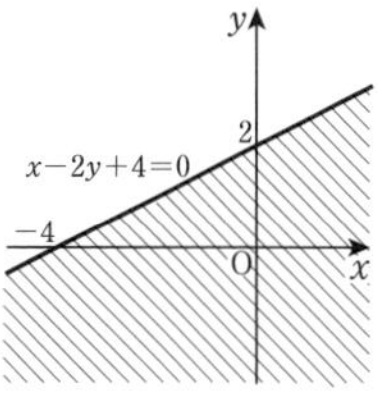

167 (1) 不等式 $x<2$ の表す領域は，直線 $x=2$ の左側である。
すなわち，右の図の斜線部分である。
ただし，境界線を含まない。

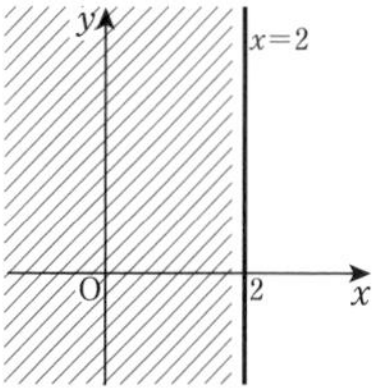

(2) 不等式 $x+4\geqq 0$ は $x\geqq -4$ と変形できる。
よって，不等式 $x+4\geqq 0$ の表す領域は，直線 $x=-4$ およびその右側である。
すなわち，右の図の斜線部分である。
ただし，境界線を含む。

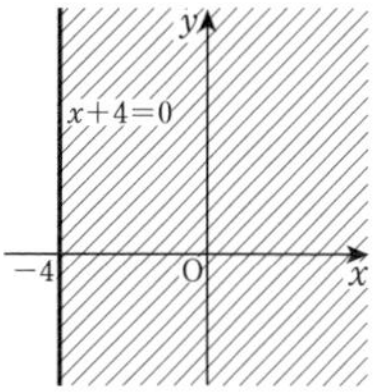

(3) 不等式 $y>-3$ の表す領域は，直線 $y=-3$ の上側である。
すなわち，右の図の斜線部分である。
ただし，境界線を含まない。

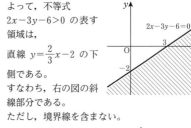

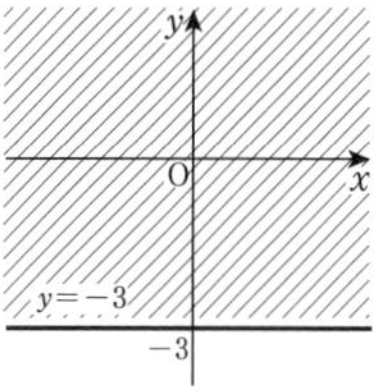

(4) 不等式 $2y-3\leqq 0$ は $y\leqq\dfrac{3}{2}$ と変形できる。

よって，不等式 $2y-3\leqq 0$ の表す領域は，直線 $y=\dfrac{3}{2}$ およびその下側である。
すなわち，右の図の斜線部分である。
ただし，境界線を含む。

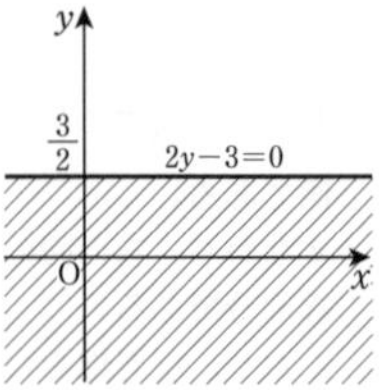

168 (1) 不等式 $(x-1)^2+(y+3)^2\leqq 9$ の表す領域は，円 $(x-1)^2+(y+3)^2=9$ の周と内部である。
すなわち，右の図の斜線部分である。
ただし，境界線を含む。

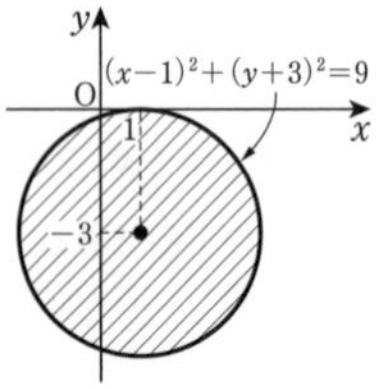

(2) 不等式 $x^2+y^2+4x-2y>0$ は
$(x+2)^2+(y-1)^2>5$ と変形できる。
よって，不等式 $x^2+y^2+4x-2y>0$ の表す領域は，円 $(x+2)^2+(y-1)^2=5$ の外部である。
すなわち，右の図の斜線部分である。
ただし，境界線を含まない。

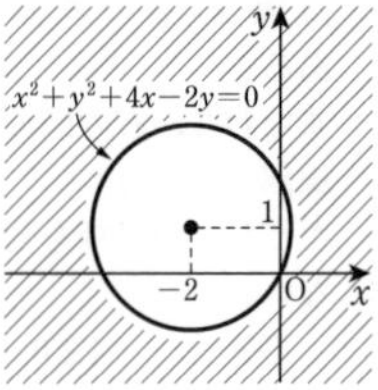

(3) 不等式 $x^2+y^2>1$ の表す領域は，
円 $x^2+y^2=1$ の外部である。
すなわち，右の図の斜線部分である。
ただし，境界線を含まない。

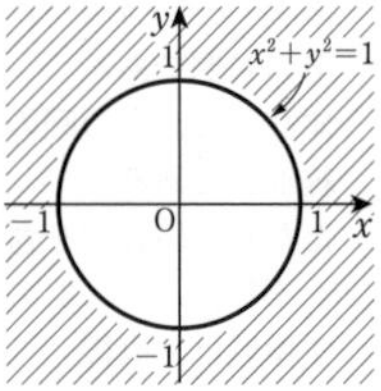

(4) 不等式 $x^2+(y-1)^2<4$ の表す領域は，
円 $x^2+(y-1)^2=4$ の内部である。
すなわち，右の図の斜線部分である。
ただし，境界線を含まない。

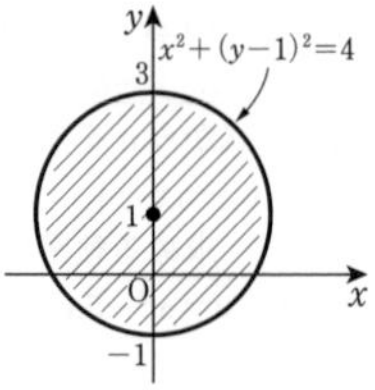

(5) 不等式 $x^2+y^2-2y<0$ は
$x^2+(y-1)^2<1$ と変形できる。
よって，不等式 $x^2+y^2-2y<0$ の表す領域は，
円 $x^2+(y-1)^2=1$ の内部である。
すなわち，右の図の斜線部分である。
ただし，境界線を含まない。

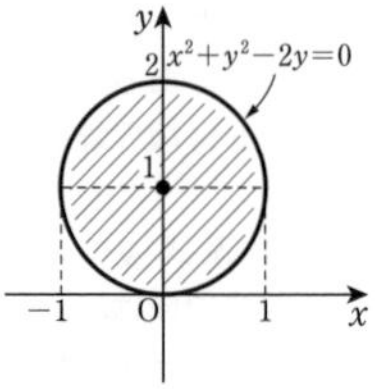

(6) 不等式 $x^2+y^2-6x-2y+1\leqq 0$ は
$(x-3)^2+(y-1)^2\leqq 9$ と変形できる。
よって，不等式 $x^2+y^2-6x-2y+1\leqq 0$ の表す領域は，円 $(x-3)^2+(y-1)^2=9$ の周と内部である。
すなわち，右の図の斜線部分である。
ただし，境界線を含む。

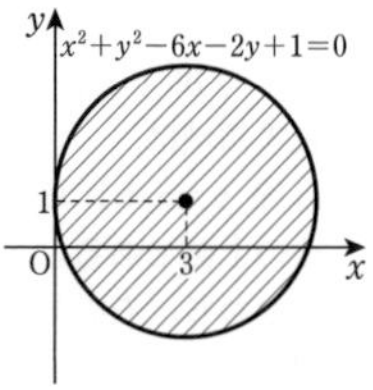

169 (1) 図の斜線部分の領域は2点 (2, 0), (0, 4) を通る直線およびその下側である。
2点 (2, 0), (0, 4) を通る直線の方程式は

$$y-0=\frac{4-0}{0-2}(x-2)$$

すなわち　$y=-2x+4$
よって，図の斜線部分の領域を表す不等式は
$\boldsymbol{y\leqq -2x+4}$

(2) 図の斜線部分の領域は中心が (2, 0)，半径が2の円の外側である。
よって，図の斜線部分の領域を表す不等式は
$\boldsymbol{(x-2)^2+y^2>4}$

170 (1) $y>x+1$ の表す領域は，直線 $y=x+1$ の上側である。$y<-2x+3$ の表す領域は，直線 $y=-2x+3$ の下側である。

よって，求める領域は，右の図の斜線部分である。

ただし，境界線を含まない。

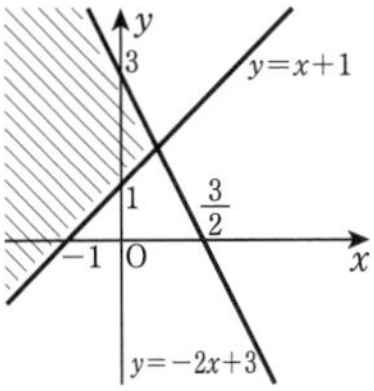

(2) $y \geqq -x+3$ の表す領域は，直線 $y=-x+3$ およびその上側である。$y \geqq 2x-3$ の表す領域は，直線 $y=2x-3$ およびその上側である。

よって，求める領域は，右の図の斜線部分である。

ただし，境界線を含む。

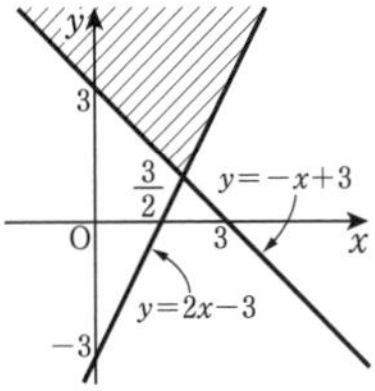

(3) 不等式 $x-y-4<0$ は $y>x-4$

不等式 $2x+y-8<0$ は $y<-2x+8$

と変形できる。

よって，$x-y-4<0$ の表す領域は，

直線 $x-y-4=0$ の上側である。

$2x+y-8<0$ の表す領域は，

直線 $2x+y-8=0$ の下側である。

ゆえに，求める領域は，右の図の斜線部分である。

ただし，境界線を含まない。

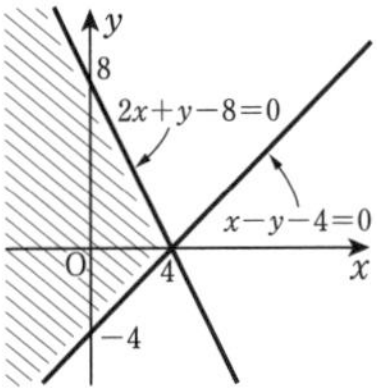

(4) 不等式 $x-y+2 \geqq 0$ は $y \leqq x+2$

不等式 $3x-y+6 \leqq 0$ は $y \geqq 3x+6$

と変形できる。

よって，$x-y+2 \geqq 0$ の表す領域は，

直線 $x-y+2=0$ およびその下側である。

$3x-y+6 \leqq 0$ の表す領域は，

直線 $3x-y+6=0$

およびその上側である。

ゆえに，求める領域は，右の図の斜線部分である。

ただし，境界線を含む。

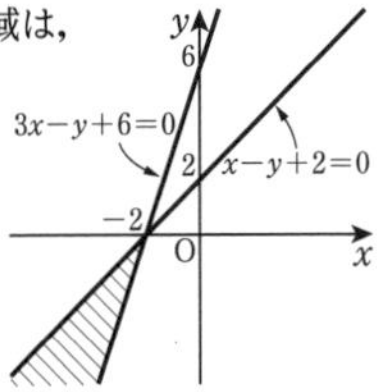

171 (1) $x^2+y^2>4$ の表す領域は，円 $x^2+y^2=4$ の外部であり，$y>x-1$ の表す領域は，直線 $y=x-1$ の上側である。

よって，求める領域は，右の図の斜線部分である。

ただし，境界線を含まない。

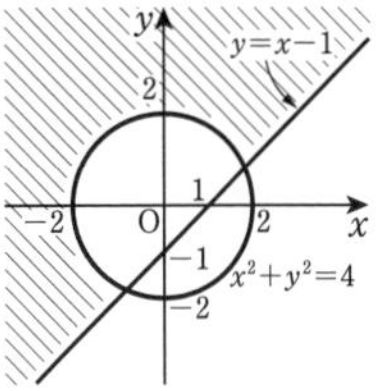

(2) 不等式 $x+y \geqq 2$ は $y \geqq -x+2$ と変形できる。

$x^2+y^2 \leqq 9$ の表す領域は，円 $x^2+y^2=9$ の周と内部であり，$x+y \geqq 2$ の表す領域は，直線 $y=-x+2$ およびその上側である。

よって，求める領域は，右の図の斜線部分である。

ただし，境界線を含む。

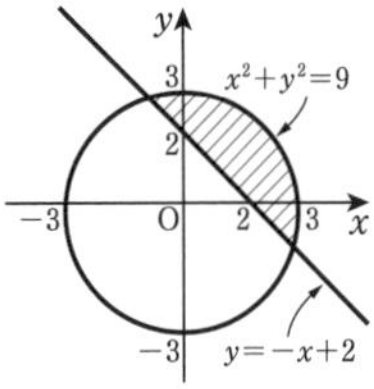

(3) 不等式 $x-y+1>0$ は $y<x+1$ と変形できる。

$x^2+(y-1)^2>4$ の表す領域は，円 $x^2+(y-1)^2=4$ の外部であり，$x-y+1>0$ の表す領域は，直線 $x-y+1=0$ の下側である。

よって，求める領域は，右の図の斜線部分である。

ただし，境界線を含まない。

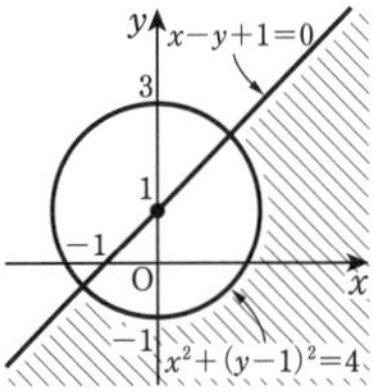

(4) 不等式 $2x-y-1 \leqq 0$ は $y \geqq 2x-1$ と変形できる。

$(x-1)^2+y^2 \leqq 1$ の表す領域は，円 $(x-1)^2+y^2=1$ の周と内部であり，

$2x-y-1 \leqq 0$ の表す領域は，

直線 $2x-y-1=0$

およびその上側である。

よって，求める領域は，右の図の斜線部分である。

ただし，境界線を含む。

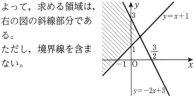

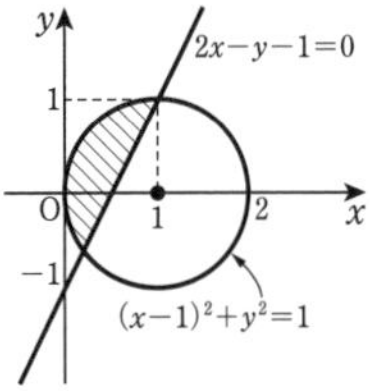

172 (1) $(x+2)^2+y^2>4$ の表す領域は，
円 $(x+2)^2+y^2=4$ の外部であり，
$(x-2)^2+y^2<9$ の表す領域は，
円 $(x-2)^2+y^2=9$ の内部である。
よって，求める領域は，
右の図の斜線部分である。
ただし，境界線を含まない。

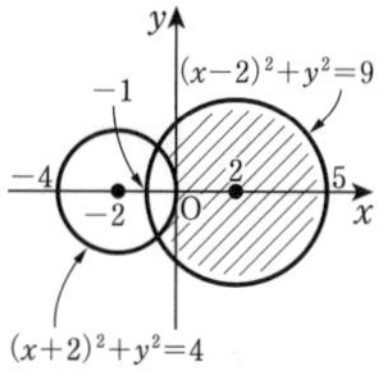

(2) $(x-2)^2+(y+2)^2\leqq 4$ の表す領域は，
円 $(x-2)^2+(y+2)^2=4$ の周と内部であり，
$(x-1)^2+y^2\leqq 9$ の表す領域は，
円 $(x-1)^2+y^2=9$ の周と内部である。
よって，求める領域は，
右の図の斜線部分である。
ただし，境界線を含む。

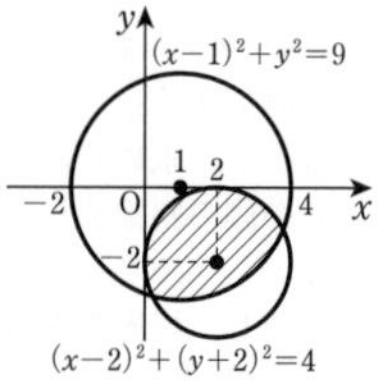

173 (1) 不等式 $(x-y)(x+y)>0$ が成り立つことは，連立不等式

$$\begin{cases} x-y>0 \\ x+y>0 \end{cases} \quad \cdots\cdots①$$

または

$$\begin{cases} x-y<0 \\ x+y<0 \end{cases} \quad \cdots\cdots②$$

が成り立つことと同じである。
よって，求める領域は，
①の表す領域と②の表す領域の和集合の右の図の斜線部分である。
ただし，境界線を含まない。

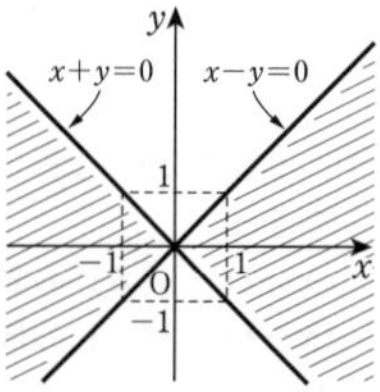

(2) 不等式 $(x+y+1)(x-2y+4)\leqq 0$ が成り立つことは，連立不等式

$$\begin{cases} x+y+1\geqq 0 \\ x-2y+4\leqq 0 \end{cases} \quad \cdots\cdots①$$

または

$$\begin{cases} x+y+1\leqq 0 \\ x-2y+4\geqq 0 \end{cases} \quad \cdots\cdots②$$

が成り立つことと同じである。
よって，求める領域は，
①の表す領域と②の表す領域の和集合の右の図の斜線部分である。
ただし，境界線を含む。

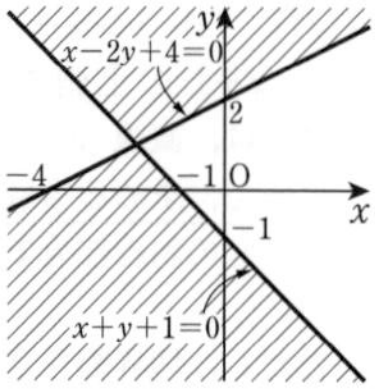

(3) 不等式 $x(y-2)\geqq 0$ が成り立つことは，連立不等式

$$\begin{cases} x\geqq 0 \\ y-2\geqq 0 \end{cases} \quad \cdots\cdots①$$

または

$$\begin{cases} x\leqq 0 \\ y-2\leqq 0 \end{cases} \quad \cdots\cdots②$$

が成り立つことと同じである。
よって，求める領域は，
①の表す領域と②の表す領域の和集合の右の図の斜線部分である。
ただし，境界線を含む。

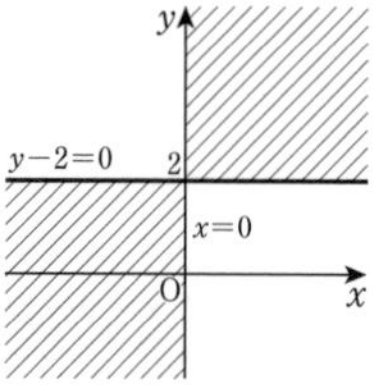

(4) 不等式 $(x-y)(x^2+y^2-4)<0$ が成り立つことは，連立不等式

$$\begin{cases} x-y>0 \\ x^2+y^2-4<0 \end{cases} \quad \cdots\cdots①$$

または

$$\begin{cases} x-y<0 \\ x^2+y^2-4>0 \end{cases} \quad \cdots\cdots②$$

が成り立つことと同じである。
よって，求める領域は，
①の表す領域と②の表す領域の和集合の右の図の斜線部分である。
ただし，境界線を含まない。

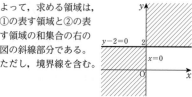

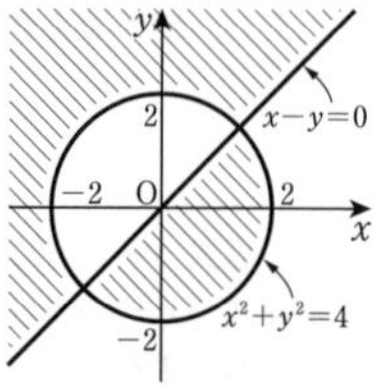

174 (1) 不等式 $-2<x-y<2$ が成り立つことは，連立不等式

$$\begin{cases} x-y>-2 \\ x-y<2 \end{cases} \quad すなわち \quad \begin{cases} y<x+2 & \cdots\cdots① \\ y>x-2 & \cdots\cdots② \end{cases}$$

が成り立つことと同じである。

よって，求める領域は，①の表す領域と②の表す領域の共通部分の右の図の斜線部分である。ただし，境界線を含まない。

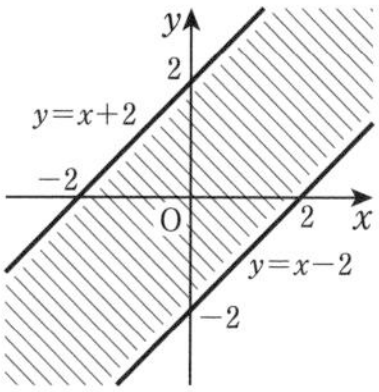

(2) 不等式 $4 \leqq x^2+y^2 \leqq 9$ が成り立つことは，連立不等式

$$\begin{cases} x^2+y^2 \geqq 4 & \cdots\cdots① \\ x^2+y^2 \leqq 9 & \cdots\cdots② \end{cases}$$

が成り立つことと同じである。

よって，求める領域は，①の表す領域と②の表す領域の共通部分の右の図の斜線部分である。ただし，境界線を含む。

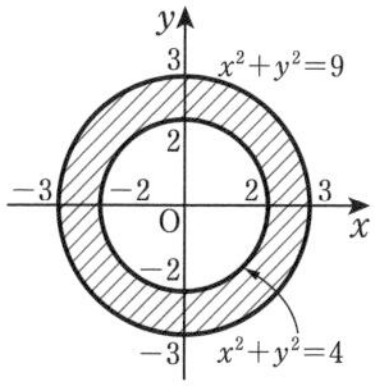

175 (1) 図の斜線部分の領域は，原点を中心とする半径 1 の円の内部と点 $(-1,\ 0)$ を中心とする半径 1 の円の内部の共通部分である。

よって，図の斜線部分の領域を表す不等式は

$$\begin{cases} \boldsymbol{x^2+y^2<1} \\ \boldsymbol{(x+1)^2+y^2<1} \end{cases}$$

(2) 図の斜線部分の領域は，

y 軸の左側　かつ

2 点 $(-2,\ 0)$，$(0,\ 2)$ を通る直線の下側

かつ

2 点 $(-2,\ 0)$，$(0,\ -4)$ を通る直線の上側

である。

2 点 $(-2,\ 0)$，$(0,\ 2)$ を通る直線の方程式は

$$y-0=\frac{2-0}{0-(-2)}\{x-(-2)\}$$

すなわち　$y=x+2$

2 点$(-2,\ 0)$，$(0,\ -4)$を通る直線の方程式は

$$y-0=\frac{-4-0}{0-(-2)}\{x-(-2)\}$$

すなわち　$y=-2x-4$

よって，図の斜線部分の領域を表す不等式は

$$\begin{cases} \boldsymbol{x<0} \\ \boldsymbol{y<x+2} \\ \boldsymbol{y>-2x-4} \end{cases}$$

(3) 図の斜線部分の領域は，原点を中心とする半径 2 の円の外部と 2 点 $(1,\ 0)$，$(0,\ 1)$ を通る直線の上側の共通部分

または

原点を中心とする半径 2 の円の内部と 2 点 $(1,\ 0)$，$(0,\ 1)$ を通る直線の下側の共通部分である。

2 点 $(1,\ 0)$，$(0,\ 1)$ を通る直線の方程式は

$$y-0=\frac{1-0}{0-1}(x-1)$$

すなわち　$y=-x+1$

よって，図の斜線部分の領域を表す不等式は

$$\begin{cases} x^2+y^2>4 \\ y>-x+1 \end{cases} \text{ より } \begin{cases} x^2+y^2-4>0 \\ x+y-1>0 \end{cases}$$

または

$$\begin{cases} x^2+y^2<4 \\ y<-x+1 \end{cases} \text{ より } \begin{cases} x^2+y^2-4<0 \\ x+y-1<0 \end{cases}$$

すなわち

$$\boldsymbol{(x^2+y^2-4)(x+y-1)>0}$$

176 与えられた連立不等式の表す領域 D は，4 点 $(0,\ 0)$，$(3,\ 0)$，$(2,\ 2)$，$(0,\ 3)$ を頂点とする四角形の周および内部である。

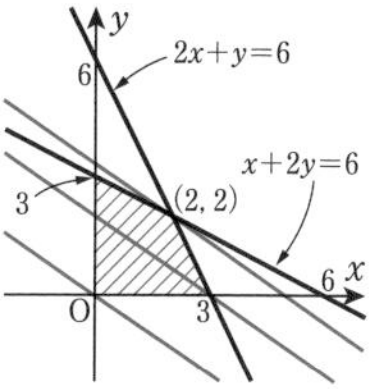

境界線を含む

$2x+3y=k$ ……①

とおくと

$$y=-\frac{2}{3}x+\frac{k}{3}$$

と変形できるから，①は，

傾き $-\dfrac{2}{3}$，y 切片 $\dfrac{k}{3}$ の直線を表す。

この直線①が，領域 D 内の点を通るときの y 切片 $\dfrac{k}{3}$ の最大値と最小値を調べればよい。

y 切片 $\dfrac{k}{3}$ は，直線①が点 $(2,\ 2)$ を通るとき，最大となり，点 $(0,\ 0)$ を通るとき最小となる。

よって

$2\times2+3\times2=10$

$2\times0+3\times0=0$

より，$2x+3y$ は

$x=2$，$y=2$ のとき，最大値 10 をとり，

$x=0$，$y=0$ のとき，最小値 0 をとる。

177 菓子 S，T をそれぞれ x ケース，y ケースずつつくったときの利益を k 円とすると

$k=3x+2y$ ……①

また，条件より，次の不等式が成り立つ。

$x \geqq 0$, $y \geqq 0$, $x+3y \leqq 14$, $2x+y \leqq 13$

これらを同時に満たす領域Dは，右の図の斜線部分である。

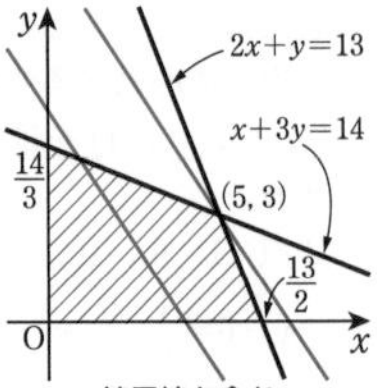

境界線を含む

①は $y=-\frac{3}{2}x+\frac{k}{2}$ と変形できるから，傾き $-\frac{3}{2}$，y 切片 $\frac{k}{2}$ の直線を表す。

この直線①が，領域D内の点 $(x_1,\ y_1)$ を通るときの y 切片 $\frac{k}{2}$ の最大値を調べればよい。

y 切片 $\frac{k}{2}$ は，直線①が点 $(5,\ 3)$ を通るとき最大となる。

よって　$k=3\times5+2\times3=21$ より

菓子S，Tをそれぞれ5ケース，3ケースずつつくればよい。このとき，利益は**21万円**である。

178

(1)　(2)　(3)

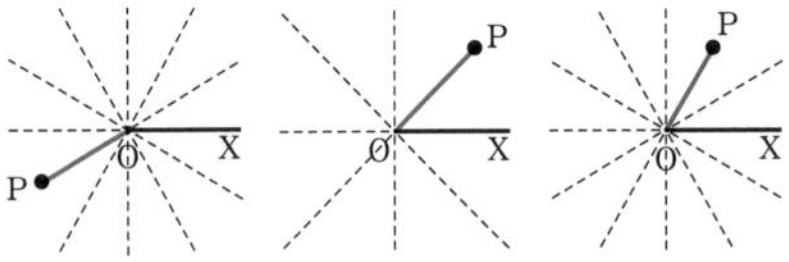

179

(1)　$495^\circ=135^\circ+360^\circ$

ゆえに　$\mathbf{135^\circ+360^\circ\times1}$

(2)　$-45^\circ+360^\circ=315^\circ$

ゆえに　$\mathbf{315^\circ+360^\circ\times(-1)}$

(3)　$960^\circ=240^\circ+360^\circ\times2$

ゆえに　$\mathbf{240^\circ+360^\circ\times2}$

(4)　$-630^\circ=90^\circ+360^\circ\times(-2)$

ゆえに　$\mathbf{90^\circ+360^\circ\times(-2)}$

180

$420^\circ=60^\circ+360^\circ$

$660^\circ=300^\circ+360^\circ$

$-120^\circ=240^\circ+360^\circ\times(-1)$

$-300^\circ=60^\circ+360^\circ\times(-1)$

$-720^\circ=360^\circ\times(-2)$

より　$\mathbf{420^\circ}$ **と** $\mathbf{-300^\circ}$

181

(1)　$-45^\circ\times\frac{\pi}{180^\circ}=\boldsymbol{-\frac{\pi}{4}}$

(2)　$75^\circ\times\frac{\pi}{180^\circ}=\boldsymbol{\frac{5}{12}\pi}$

(3)　$-210^\circ\times\frac{\pi}{180^\circ}=\boldsymbol{-\frac{7}{6}\pi}$

(4)　$-315^\circ\times\frac{\pi}{180^\circ}=\boldsymbol{-\frac{7}{4}\pi}$

182

(1)　$\frac{3}{5}\pi\times\frac{180^\circ}{\pi}=\mathbf{108^\circ}$

(2)　$\frac{11}{3}\pi\times\frac{180^\circ}{\pi}=\mathbf{660^\circ}$

(3)　$-\frac{3}{2}\pi\times\frac{180^\circ}{\pi}=\mathbf{-270^\circ}$

(4)　$-\frac{5}{6}\pi\times\frac{180^\circ}{\pi}=\mathbf{-150^\circ}$

183

(1)　$l=4\times\frac{3}{4}\pi=\boldsymbol{3\pi}$,

$S=\frac{1}{2}\times3\pi\times4=\boldsymbol{6\pi}$

(2)　$l=6\times\frac{5}{6}\pi=\boldsymbol{5\pi}$，$S=\frac{1}{2}\times5\pi\times6=\boldsymbol{15\pi}$

(3)　$l=5\times\frac{2}{5}\pi=\boldsymbol{2\pi}$，$S=\frac{1}{2}\times2\pi\times5=\boldsymbol{5\pi}$

184

(1)　$\theta=\boldsymbol{\frac{2}{3}}$，$S=\frac{1}{2}\times2\times3=\mathbf{3}$

(2)　$\theta=\frac{6}{8}=\boldsymbol{\frac{3}{4}}$，$S=\frac{1}{2}\times6\times8=\mathbf{24}$

185

(1)　$r=11\div\frac{\pi}{6}=\boldsymbol{\frac{66}{\pi}}$,

$S=\frac{1}{2}\times11\times\frac{66}{\pi}=\boldsymbol{\frac{363}{\pi}}$

(2)　$r=4\div2=\mathbf{2}$，$S=\frac{1}{2}\times4\times2=\mathbf{4}$

186

辺の長さが a である正三角形の高さは

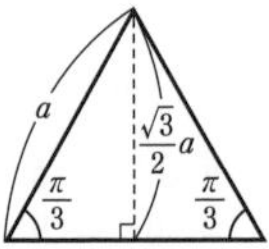

$a\sin\frac{\pi}{3}=\frac{\sqrt{3}}{2}a$

である。

よって，△OAB の面積 S_1 は

$S_1=\frac{1}{2}\times6\times\frac{\sqrt{3}}{2}\times6=9\sqrt{3}$

△OCD において，CD を底辺としたときの高さは 6 であるから，△OCD の辺の長さを a とすると

$\frac{\sqrt{3}}{2}a=6$ より　$a=4\sqrt{3}$

よって，△OCD の面積 S_3 は

$S_3=\dfrac{1}{2}\times4\sqrt{3}\times6=12\sqrt{3}$

また，扇形 OAB の面積 S_2 は

$S_2=\dfrac{1}{2}\times6^2\times\dfrac{\pi}{3}=6\pi$

ゆえに　$S_1:S_2:S_3=9\sqrt{3}:6\pi:12\sqrt{3}$

$=\mathbf{3\sqrt{3}:2\pi:4\sqrt{3}}$

187　n を整数とすると，3α は

$3\alpha=120^\circ+360^\circ\times n$

と表される。

よって　$\alpha=40^\circ+120^\circ\times n$

$0^\circ<\alpha<360^\circ$ であるから　$n=0,\ 1,\ 2$

$n=0$ のとき　$\alpha=40^\circ$

$n=1$ のとき　$\alpha=160^\circ$

$n=2$ のとき　$\alpha=280^\circ$

以上より　$\boldsymbol{\alpha=40^\circ,\ 160^\circ,\ 280^\circ}$

188　(1)　右の図より

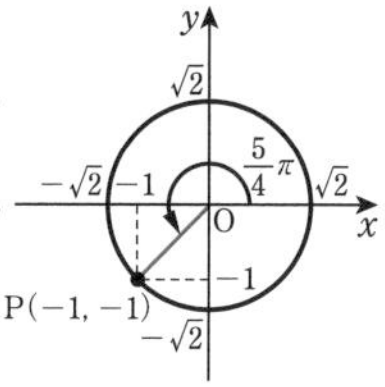

$\sin\dfrac{5}{4}\pi=\dfrac{-1}{\sqrt{2}}=-\dfrac{\mathbf{1}}{\mathbf{\sqrt{2}}}$

$\cos\dfrac{5}{4}\pi=\dfrac{-1}{\sqrt{2}}=-\dfrac{\mathbf{1}}{\mathbf{\sqrt{2}}}$

$\tan\dfrac{5}{4}\pi=\dfrac{-1}{-1}=\mathbf{1}$

(2)　右の図より

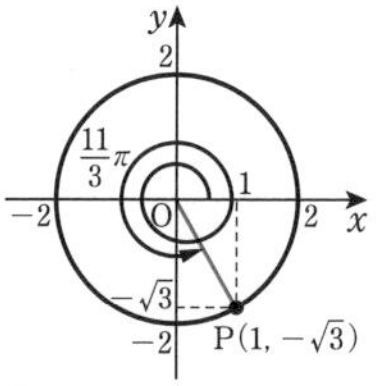

$\sin\dfrac{11}{3}\pi=\dfrac{-\sqrt{3}}{2}$

$=-\dfrac{\mathbf{\sqrt{3}}}{\mathbf{2}}$

$\cos\dfrac{11}{3}\pi=\dfrac{\mathbf{1}}{\mathbf{2}}$

$\tan\dfrac{11}{3}\pi=\dfrac{-\sqrt{3}}{1}=-\mathbf{\sqrt{3}}$

(3)　右の図より

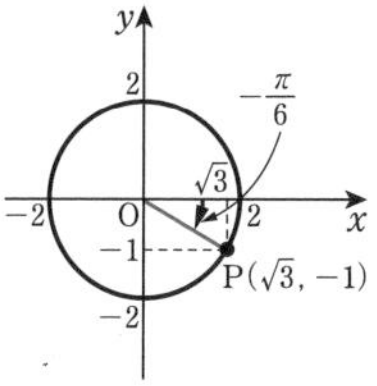

$\sin\left(-\dfrac{\pi}{6}\right)=\dfrac{-1}{2}=-\dfrac{\mathbf{1}}{\mathbf{2}}$

$\cos\left(-\dfrac{\pi}{6}\right)=\dfrac{\mathbf{\sqrt{3}}}{\mathbf{2}}$

$\tan\left(-\dfrac{\pi}{6}\right)=\dfrac{-1}{\sqrt{3}}$

$=-\dfrac{\mathbf{\sqrt{3}}}{\mathbf{3}}$

(4)　-3π の動径と原点Oを中心とする半径1の円との交点Pの座標は $(-1,\ 0)$ であるから

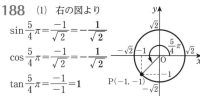

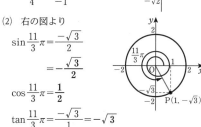

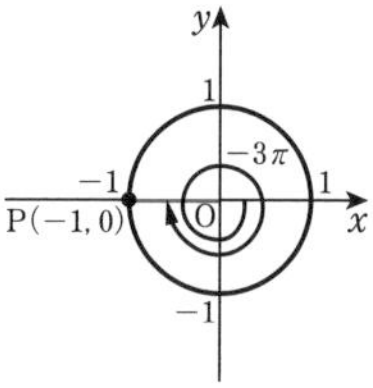

$\sin(-3\pi)=\mathbf{0}$

$\cos(-3\pi)=\mathbf{-1}$

$\tan(-3\pi)=\mathbf{0}$

189　(1)　**第 2 象限**　(2)　**第 2 象限**

(3)　**第 3 象限**　(4)　**第 1 象限または第 3 象限**

190　(1)　$\sin^2\theta+\cos^2\theta=1$ より

$\cos^2\theta=1-\sin^2\theta=1-\left(-\dfrac{3}{5}\right)^2=\dfrac{16}{25}$

ここで，θ は第 3 象限の角であるから

$\cos\theta<0$

よって　$\cos\theta=-\sqrt{\dfrac{16}{25}}=-\dfrac{\mathbf{4}}{\mathbf{5}}$

$\tan\theta=\dfrac{\sin\theta}{\cos\theta}=\left(-\dfrac{3}{5}\right)\div\left(-\dfrac{4}{5}\right)$

$=\left(-\dfrac{3}{5}\right)\times\left(-\dfrac{5}{4}\right)=\dfrac{\mathbf{3}}{\mathbf{4}}$

(2)　$\sin^2\theta+\cos^2\theta=1$ より

$\sin^2\theta=1-\cos^2\theta=1-\left(\dfrac{3}{4}\right)^2=\dfrac{7}{16}$

ここで，θ は第 4 象限の角であるから

$\sin\theta<0$

よって　$\sin\theta=-\sqrt{\dfrac{7}{16}}=-\dfrac{\mathbf{\sqrt{7}}}{\mathbf{4}}$

$\tan\theta=\dfrac{\sin\theta}{\cos\theta}=\left(-\dfrac{\sqrt{7}}{4}\right)\div\dfrac{3}{4}$

$=-\dfrac{\sqrt{7}}{4}\times\dfrac{4}{3}=-\dfrac{\mathbf{\sqrt{7}}}{\mathbf{3}}$

191　(1)　$1+\tan^2\theta=\dfrac{1}{\cos^2\theta}$　より

$\dfrac{1}{\cos^2\theta}=1+(\sqrt{2})^2=3$　ゆえに　$\cos^2\theta=\dfrac{1}{3}$

ここで，θ は第 3 象限の角であるから

$\cos\theta<0$

よって　$\cos\theta=-\sqrt{\dfrac{1}{3}}=-\dfrac{\mathbf{\sqrt{3}}}{\mathbf{3}}$

$\sin\theta=\tan\theta\cos\theta=\sqrt{2}\times\left(-\dfrac{\sqrt{3}}{3}\right)=-\dfrac{\mathbf{\sqrt{6}}}{\mathbf{3}}$

(2)　$1+\tan^2\theta=\dfrac{1}{\cos^2\theta}$　より

$\dfrac{1}{\cos^2\theta}=1+\left(-\dfrac{1}{2}\right)^2=\dfrac{5}{4}$　ゆえに　$\cos^2\theta=\dfrac{4}{5}$

ここで，θ は第4象限の角であるから

$\cos\theta>0$

よって　$\cos\theta=\sqrt{\dfrac{4}{5}}=\dfrac{2}{\sqrt{5}}=\mathbf{\dfrac{2\sqrt{5}}{5}}$

$\sin\theta=\tan\theta\cos\theta=\left(-\dfrac{1}{2}\right)\times\dfrac{2\sqrt{5}}{5}=\mathbf{-\dfrac{\sqrt{5}}{5}}$

192　(1)　$\sin\theta+\cos\theta=\dfrac{1}{5}$ の両辺を2乗すると　$\sin^2\theta+2\sin\theta\cos\theta+\cos^2\theta=\dfrac{1}{25}$

ここで，$\sin^2\theta+\cos^2\theta=1$ であるから

$2\sin\theta\cos\theta=\dfrac{1}{25}-1=-\dfrac{24}{25}$

よって　$\sin\theta\cos\theta=-\dfrac{12}{25}$

また

$\sin^3\theta+\cos^3\theta$

$=(\sin\theta+\cos\theta)(\sin^2\theta-\sin\theta\cos\theta+\cos^2\theta)$

$=\dfrac{1}{5}\left\{1-\left(-\dfrac{12}{25}\right)\right\}=\dfrac{37}{125}$

(i)　$\mathbf{-\dfrac{12}{25}}$　　(ii)　$\mathbf{\dfrac{37}{125}}$

(2)　$\sin\theta-\cos\theta=-\dfrac{1}{3}$ の両辺を2乗すると

$\sin^2\theta-2\sin\theta\cos\theta+\cos^2\theta=\dfrac{1}{9}$

ここで，$\sin^2\theta+\cos^2\theta=1$ であるから

$2\sin\theta\cos\theta=1-\dfrac{1}{9}=\dfrac{8}{9}$

よって　$\sin\theta\cos\theta=\dfrac{4}{9}$

また

$\sin^3\theta-\cos^3\theta$

$=(\sin\theta-\cos\theta)(\sin^2\theta+\sin\theta\cos\theta+\cos^2\theta)$

$=-\dfrac{1}{3}\left(1+\dfrac{4}{9}\right)=-\dfrac{13}{27}$

(i)　$\mathbf{\dfrac{4}{9}}$　　(ii)　$\mathbf{-\dfrac{13}{27}}$

193　(1)　$\sin^2\theta+\cos^2\theta=1$ より

$\cos^2\theta=1-\sin^2\theta=1-\left(-\dfrac{2}{5}\right)^2=\dfrac{21}{25}$

よって　$\cos\theta=\pm\sqrt{\dfrac{21}{25}}=\pm\dfrac{\sqrt{21}}{5}$

(i)　$\cos\theta=\dfrac{\sqrt{21}}{5}$ のとき

$\tan\theta=\dfrac{\sin\theta}{\cos\theta}=\left(-\dfrac{2}{5}\right)\div\left(\dfrac{\sqrt{21}}{5}\right)$

$=-\dfrac{2}{5}\times\dfrac{5}{\sqrt{21}}=-\dfrac{2\sqrt{21}}{21}$

(ii)　$\cos\theta=-\dfrac{\sqrt{21}}{5}$ のとき

$\tan\theta=\dfrac{\sin\theta}{\cos\theta}=\left(-\dfrac{2}{5}\right)\div\left(-\dfrac{\sqrt{21}}{5}\right)$

$=-\dfrac{2}{5}\times\left(-\dfrac{5}{\sqrt{21}}\right)=\dfrac{2\sqrt{21}}{21}$

ゆえに　$\cos\theta=\mathbf{\dfrac{\sqrt{21}}{5}}$，$\tan\theta=\mathbf{-\dfrac{2\sqrt{21}}{21}}$

または　$\cos\theta=\mathbf{-\dfrac{\sqrt{21}}{5}}$，$\tan\theta=\mathbf{\dfrac{2\sqrt{21}}{21}}$

(2)　$\sin^2\theta+\cos^2\theta=1$ より

$\sin^2\theta=1-\cos^2\theta=1-\left(-\dfrac{1}{\sqrt{5}}\right)^2=\dfrac{4}{5}$

よって　$\sin\theta=\pm\sqrt{\dfrac{4}{5}}=\pm\dfrac{2\sqrt{5}}{5}$

(i)　$\sin\theta=\dfrac{2\sqrt{5}}{5}$ のとき

$\tan\theta=\dfrac{\sin\theta}{\cos\theta}=\left(\dfrac{2\sqrt{5}}{5}\right)\div\left(-\dfrac{1}{\sqrt{5}}\right)$

$=\dfrac{2\sqrt{5}}{5}\times\left(-\dfrac{\sqrt{5}}{1}\right)=-2$

(ii)　$\sin\theta=-\dfrac{2\sqrt{5}}{5}$ のとき

$\tan\theta=\dfrac{\sin\theta}{\cos\theta}=\left(-\dfrac{2\sqrt{5}}{5}\right)\div\left(-\dfrac{1}{\sqrt{5}}\right)$

$=-\dfrac{2\sqrt{5}}{5}\times\left(-\dfrac{\sqrt{5}}{1}\right)=2$

ゆえに　$\sin\theta=\mathbf{\dfrac{2\sqrt{5}}{5}}$，$\tan\theta=\mathbf{-2}$

または　$\sin\theta=\mathbf{-\dfrac{2\sqrt{5}}{5}}$，$\tan\theta=\mathbf{2}$

(3)　$1+\tan^2\theta=\dfrac{1}{\cos^2\theta}$ より

$\dfrac{1}{\cos^2\theta}=1+(2\sqrt{2})^2=9$　ゆえに　$\cos^2\theta=\dfrac{1}{9}$

よって　$\cos\theta=\pm\sqrt{\dfrac{1}{9}}=\pm\dfrac{1}{3}$

(i)　$\cos\theta=\dfrac{1}{3}$ のとき

$\sin\theta=\tan\theta\cos\theta=2\sqrt{2}\times\dfrac{1}{3}=\dfrac{2\sqrt{2}}{3}$

(ii)　$\cos\theta=-\dfrac{1}{3}$ のとき

$\sin\theta=\tan\theta\cos\theta=2\sqrt{2}\times\left(-\dfrac{1}{3}\right)=-\dfrac{2\sqrt{2}}{3}$

ゆえに

$\sin\theta=\frac{2\sqrt{2}}{3}$, $\cos\theta=\frac{1}{3}$ または

$\sin\theta=-\frac{2\sqrt{2}}{3}$, $\cos\theta=-\frac{1}{3}$

194 (1) $(左辺)=\frac{\cos^2\theta+(1+\sin\theta)^2}{(1+\sin\theta)\cos\theta}$

$=\frac{\cos^2\theta+\sin^2\theta+2\sin\theta+1}{(1+\sin\theta)\cos\theta}$

$=\frac{2(1+\sin\theta)}{(1+\sin\theta)\cos\theta}=\frac{2}{\cos\theta}=(右辺)$

(2) $(左辺)=\frac{\tan^2\theta+1}{\tan\theta}=\frac{1}{\tan\theta}\times(1+\tan^2\theta)$

$=\frac{1}{\tan\theta}\times\frac{1}{\cos^2\theta}$

$=\frac{\cos\theta}{\sin\theta}\times\frac{1}{\cos^2\theta}=\frac{1}{\sin\theta\cos\theta}=(右辺)$

195 (1) $(\sin\theta-\cos\theta)^2$

$=\sin^2\theta+\cos^2\theta-2\sin\theta\cos\theta$

$=1-2\times\left(-\frac{1}{4}\right)=\frac{3}{2}$

$\frac{\pi}{2}<\theta<\frac{3}{4}\pi$ であるから $\sin\theta>0$, $\cos\theta<0$

ゆえに $\sin\theta-\cos\theta>0$

よって $\sin\theta-\cos\theta=\sqrt{\frac{3}{2}}=\frac{\sqrt{6}}{2}$

(2) $(\sin\theta+\cos\theta)^2=\sin^2\theta+\cos^2\theta+2\sin\theta\cos\theta$

$=1+2\times\left(-\frac{1}{4}\right)=\frac{1}{2}$

$\frac{\pi}{2}<\theta<\frac{3}{4}\pi$ であるから $\sin\theta>|\cos\theta|>0$

ゆえに $\sin\theta+\cos\theta>0$

よって $\sin\theta+\cos\theta=\frac{1}{\sqrt{2}}=\frac{\sqrt{2}}{2}$

(3) (1)と(2)の結果から

$$\begin{cases}\sin\theta-\cos\theta=\frac{\sqrt{6}}{2}\\ \sin\theta+\cos\theta=\frac{\sqrt{2}}{2}\end{cases}$$

これを解いて

$\sin\theta=\frac{\sqrt{6}+\sqrt{2}}{4}$, $\cos\theta=\frac{-\sqrt{6}+\sqrt{2}}{4}$

196 (1) $\cos\frac{13}{6}\pi=\cos\left(\frac{\pi}{6}+2\pi\right)=\cos\frac{\pi}{6}$

$=\frac{\sqrt{3}}{2}$

(2) $\tan\frac{13}{6}\pi=\tan\left(\frac{\pi}{6}+2\pi\right)=\tan\frac{\pi}{6}=\frac{1}{\sqrt{3}}$

(3) $\sin\left(-\frac{15}{4}\pi\right)=\sin\left\{\frac{\pi}{4}+2\pi\times(-2)\right\}=\sin\frac{\pi}{4}$

$=\frac{\sqrt{2}}{2}$

(4) $\tan\frac{15}{4}\pi=\tan\left(-\frac{\pi}{4}+2\pi\times2\right)=\tan\left(-\frac{\pi}{4}\right)$

$=-\tan\frac{\pi}{4}$

$=-1$

197 (1) $\sin\left(-\frac{\pi}{4}\right)=-\sin\frac{\pi}{4}=-\frac{\sqrt{2}}{2}$

(2) $\cos\left(-\frac{\pi}{4}\right)=\cos\frac{\pi}{4}=\frac{\sqrt{2}}{2}$

(3) $\sin\frac{5}{4}\pi=\sin\left(\frac{\pi}{4}+\pi\right)=-\sin\frac{\pi}{4}=-\frac{\sqrt{2}}{2}$

(4) $\tan\frac{5}{4}\pi=\tan\left(\frac{\pi}{4}+\pi\right)=\tan\frac{\pi}{4}=1$

198

(1) $\sin\left(-\frac{7}{6}\pi\right)-\tan\frac{\pi}{6}\sin\frac{8}{3}\pi+\cos\left(-\frac{3}{4}\pi\right)$

$=-\sin\frac{7}{6}\pi-\tan\frac{\pi}{6}\sin\left(\frac{2}{3}\pi+2\pi\right)+\cos\frac{3}{4}\pi$

$=-\sin\frac{7}{6}\pi-\tan\frac{\pi}{6}\sin\frac{2}{3}\pi+\cos\frac{3}{4}\pi$

$=-\left(-\frac{1}{2}\right)-\frac{1}{\sqrt{3}}\times\frac{\sqrt{3}}{2}-\frac{1}{\sqrt{2}}$

$=-\frac{1}{\sqrt{2}}=-\frac{\sqrt{2}}{2}$

(2) $\tan\frac{5}{4}\pi\tan\frac{9}{4}\pi+\tan\frac{15}{4}\pi\tan\left(-\frac{3}{4}\pi\right)$

$=\tan\frac{5}{4}\pi\tan\left(\frac{\pi}{4}+2\pi\right)$

$+\tan\left(\frac{7}{4}\pi+2\pi\right)\left(-\tan\frac{3}{4}\pi\right)$

$=\tan\frac{5}{4}\pi\tan\frac{\pi}{4}-\tan\frac{7}{4}\pi\tan\frac{3}{4}\pi$

$=1\times1-(-1)\times(-1)=0$

199

(1) $\cos\left(\frac{\pi}{2}-\theta\right)\sin(\pi-\theta)-\sin\left(\frac{\pi}{2}-\theta\right)\cos(\pi-\theta)$

$=\sin\theta\sin\theta-\cos\theta(-\cos\theta)$

$=\sin^2\theta+\cos^2\theta=1$

(2) $\cos\theta+\sin\left(\frac{\pi}{2}-\theta\right)+\cos(\pi+\theta)+\sin\left(\frac{3}{2}\pi+\theta\right)$

$=\cos\theta+\cos\theta-\cos\theta+\sin\left\{\left(\theta+\frac{\pi}{2}\right)+\pi\right\}$

$=\cos\theta-\sin\left(\theta+\frac{\pi}{2}\right)$

$=\cos\theta-\cos\theta=\mathbf{0}$

200 (1) a **1**, b $\boldsymbol{\frac{1}{2}}$, c $\boldsymbol{-\frac{\sqrt{3}}{2}}$, θ_1 $\boldsymbol{\frac{\pi}{3}}$, θ_2 $\boldsymbol{\frac{\pi}{2}}$, θ_3 $\boldsymbol{\frac{3}{2}\pi}$

(2) a $\boldsymbol{\frac{\sqrt{3}}{2}}$, b **−1**, θ_1 $\boldsymbol{\frac{\pi}{2}}$, θ_2 $\boldsymbol{\frac{5}{6}\pi}$, θ_3 $\boldsymbol{\pi}$, θ_4 $\boldsymbol{\frac{4}{3}\pi}$

201 (1) **周期は 2π**

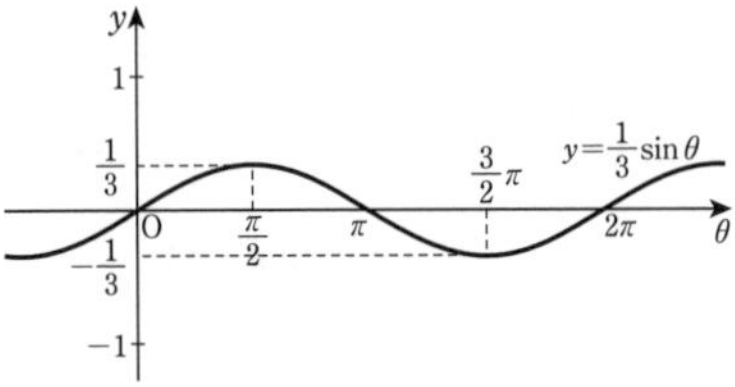

(2) **周期は 2π**

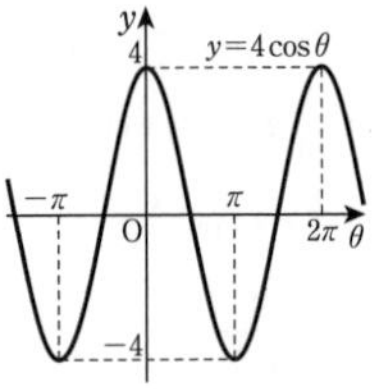

202 (1) **周期は $\frac{2}{3}\pi$**

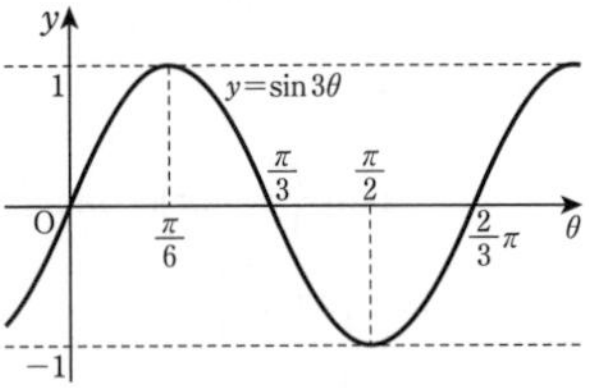

(2) **周期は $\frac{\pi}{2}$**

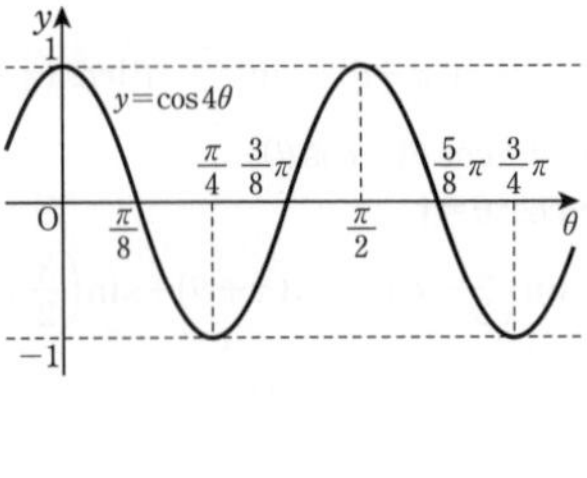

(3) **周期は 4π**

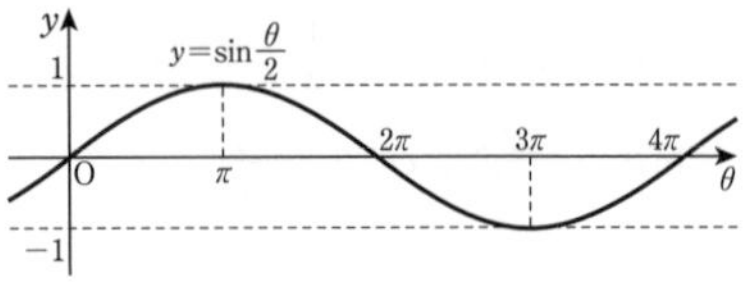

203 (1) $y=\sin\left(\theta+\frac{\pi}{4}\right)$ のグラフは，

$y=\sin\theta$ のグラフを θ 軸方向に $-\frac{\pi}{4}$ だけ平行移動した次のようなグラフとなる。**周期は 2π** である。

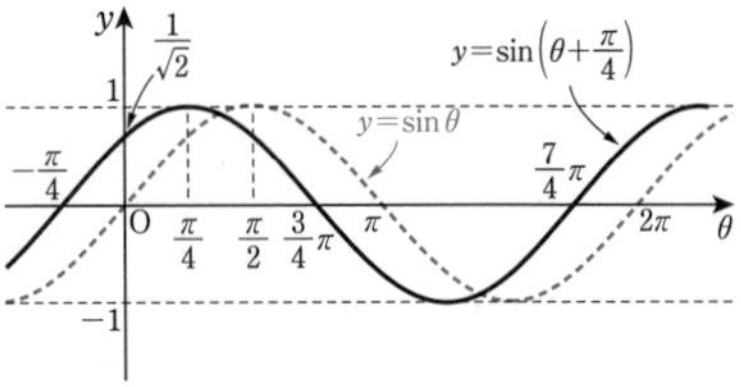

(2) $y=\cos\left(\theta-\frac{\pi}{6}\right)$ のグラフは，$y=\cos\theta$ のグラフを θ 軸方向に $\frac{\pi}{6}$ だけ平行移動した次のようなグラフとなる。**周期は 2π** である。

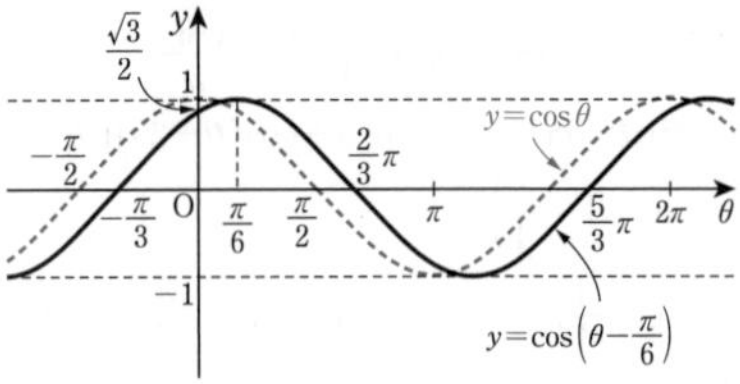

204 $y=\tan\left(\theta-\frac{\pi}{4}\right)$ のグラフは，$y=\tan\theta$ のグラフを θ 軸方向に $\frac{\pi}{4}$ だけ平行移動した次のようなグラフとなる。**周期は π** である。

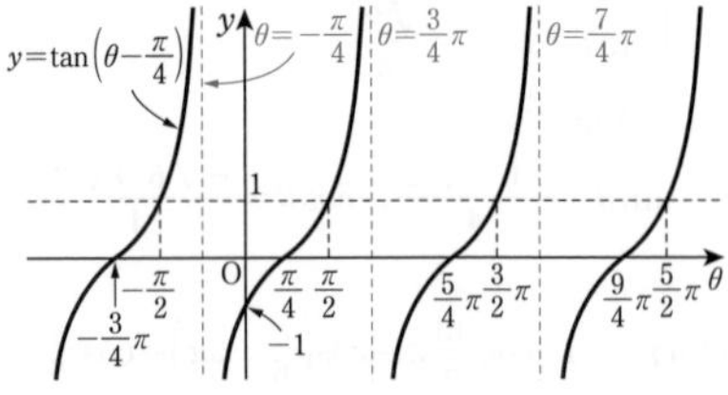

205 (1) $y=\sqrt{2}\sin\left(\theta+\dfrac{\pi}{4}\right)$ のグラフは，

$y=\sqrt{2}\sin\theta$ のグラフを θ 軸方向に $-\dfrac{\pi}{4}$ だけ平行移動した次のようなグラフとなる。**周期は 2π** である。

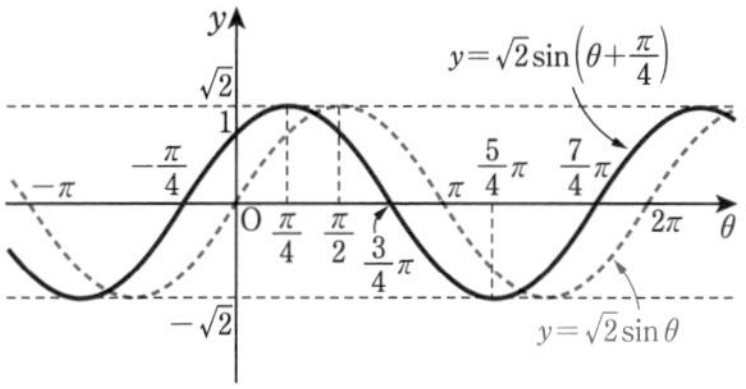

(2) $y=\cos(2\theta-\pi)=\cos\left\{2\left(\theta-\dfrac{\pi}{2}\right)\right\}$ より

$y=\cos(2\theta-\pi)$ のグラフは，$y=\cos 2\theta$ のグラフを θ 軸方向に $\dfrac{\pi}{2}$ だけ平行移動した次のようなグラフとなる。**周期は π** である。

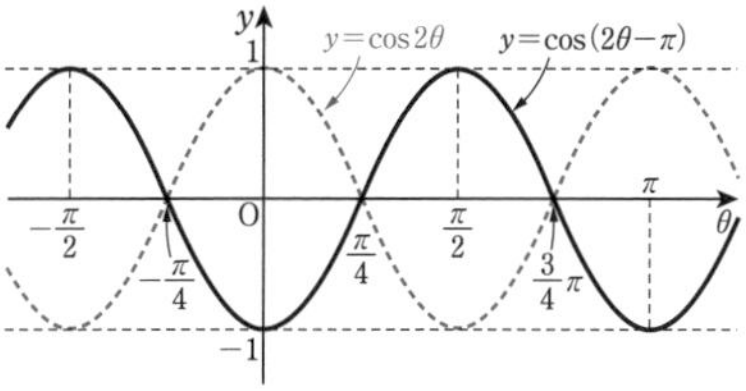

206 $y=r\sin(a\theta+b)=r\sin\left\{a\left(\theta+\dfrac{b}{a}\right)\right\}$

より

最大値は $|r|$，最小値は $-|r|$ ……①

周期は $\dfrac{2\pi}{a}$ ……②

$y=r\sin(a\theta+b)$ のグラフは，$y=r\sin a\theta$ のグラフを

θ 軸方向に $-\dfrac{b}{a}$ だけ平行移動 ……③

したグラフである。

図のグラフの最大値は $\dfrac{3}{2}$，最小値は $-\dfrac{3}{2}$

であるから，①より $r=\dfrac{3}{2}$

また，$-\dfrac{\pi}{6}\leqq\theta\leqq\dfrac{5}{6}\pi$ の区間で正弦曲線の周期になっているから，周期は π であり，θ 軸方向に $-\dfrac{\pi}{6}$ だけ平行移動したグラフである。

よって，②，③より $\dfrac{2\pi}{a}=\pi$，$-\dfrac{b}{a}=-\dfrac{\pi}{6}$

これを解くと $a=2$，$b=\dfrac{\pi}{3}$

したがって $\boldsymbol{r=\dfrac{3}{2}}$，$\boldsymbol{a=2}$，$\boldsymbol{b=\dfrac{\pi}{3}}$

207 (1) 右の図のように，単位円と直線 $y=-\dfrac{1}{2}$ との交点をP，Qとすると，動径OP，OQの表す角が求める θ である。

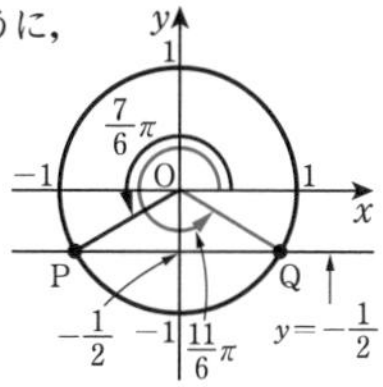

よって，$0\leqq\theta<2\pi$ の範囲において $\boldsymbol{\theta=\dfrac{7}{6}\pi,\ \dfrac{11}{6}\pi}$

(2) 右の図のように，単位円と直線 $x=\dfrac{\sqrt{3}}{2}$ との交点をP，Qとすると，動径OP，OQの表す角が求める θ である。

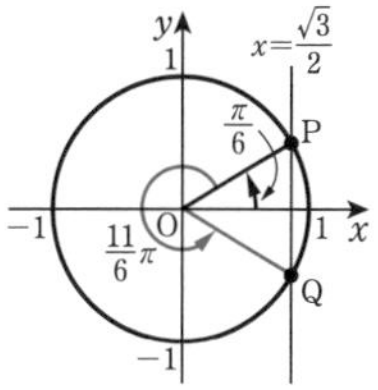

よって，$0\leqq\theta<2\pi$ の範囲において

$\boldsymbol{\theta=\dfrac{\pi}{6},\ \dfrac{11}{6}\pi}$

(3) $2\sin\theta+\sqrt{3}=0$ より $\sin\theta=-\dfrac{\sqrt{3}}{2}$

右の図のように，単位円と直線 $y=-\dfrac{\sqrt{3}}{2}$ との交点をP，Qとすると，動径OP，OQの表す角が求める θ である。

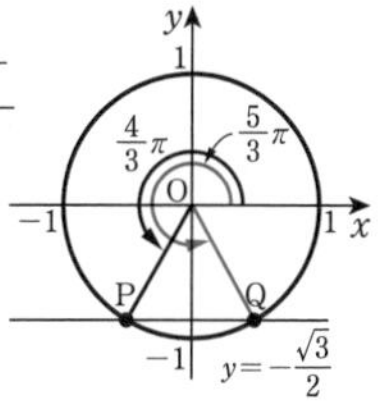

よって，$0\leqq\theta<2\pi$ の範囲において

$\boldsymbol{\theta=\dfrac{4}{3}\pi,\ \dfrac{5}{3}\pi}$

第3章 三角関数

(4) $\sqrt{2}\cos\theta+1=0$ より　$\cos\theta=-\dfrac{1}{\sqrt{2}}$

右の図のように，単位円と直線 $x=-\dfrac{1}{\sqrt{2}}$ との交点を P，Q とすると，動径 OP，OQ の表す角が求める θ である。

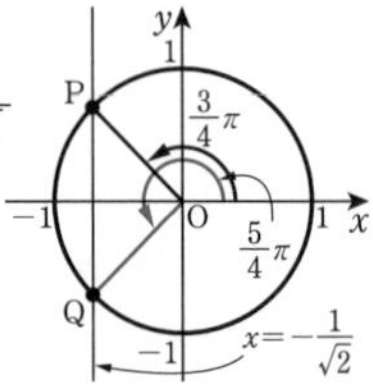

よって，$0\leqq\theta<2\pi$ の範囲において

$\boldsymbol{\theta=\dfrac{3}{4}\pi,\ \dfrac{5}{4}\pi}$

208 (1) 右の図のように，点 T(1, −1) をとり，単位円と直線 OT との交点を P，Q とすると，動径 OP，OQ の表す角が求める θ である。

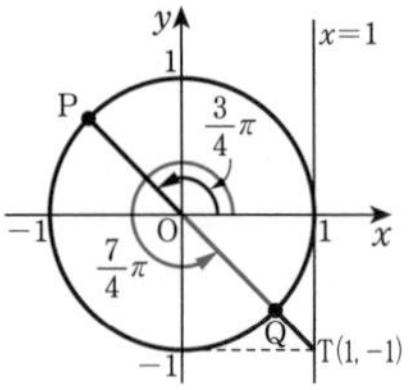

よって，$0\leqq\theta<2\pi$ の範囲において

$\boldsymbol{\theta=\dfrac{3}{4}\pi,\ \dfrac{7}{4}\pi}$

(2) 右の図のように，点 T$(1,\ -\sqrt{3})$ をとり，単位円と直線 OT との交点を P，Q とすると，動径 OP，OQ の表す角が求める θ である。

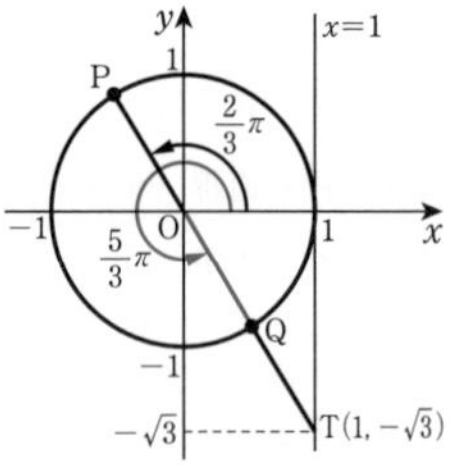

よって，$0\leqq\theta<2\pi$ の範囲において

$\boldsymbol{\theta=\dfrac{2}{3}\pi,\ \dfrac{5}{3}\pi}$

209 (1) $\cos^2\theta=1-\sin^2\theta$ より，与えられた方程式を変形すると

$2(1-\sin^2\theta)-\sin\theta-1=0$

$2\sin^2\theta+\sin\theta-1=0$

因数分解すると　$(2\sin\theta-1)(\sin\theta+1)=0$

ゆえに　$\sin\theta=\dfrac{1}{2},\ -1$

よって，$0\leqq\theta<2\pi$ の範囲において

$\boldsymbol{\theta=\dfrac{\pi}{6},\ \dfrac{5}{6}\pi,\ \dfrac{3}{2}\pi}$

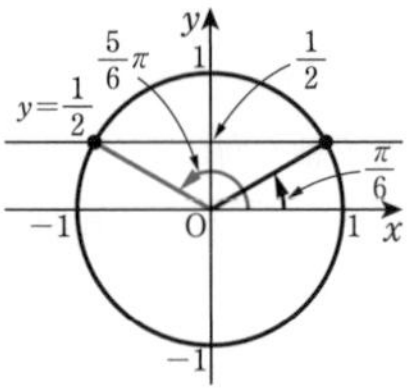

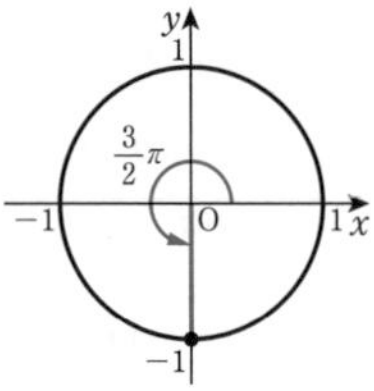

(2) $\sin^2\theta=1-\cos^2\theta$ より，与えられた方程式を変形すると

$2(1-\cos^2\theta)-\cos\theta-2=0$

$2\cos^2\theta+\cos\theta=0$

因数分解すると　$\cos\theta(2\cos\theta+1)=0$

ゆえに　$\cos\theta=0,\ -\dfrac{1}{2}$

よって，$0\leqq\theta<2\pi$ の範囲において

$\boldsymbol{\theta=\dfrac{\pi}{2},\ \dfrac{2}{3}\pi,\ \dfrac{4}{3}\pi,\ \dfrac{3}{2}\pi}$

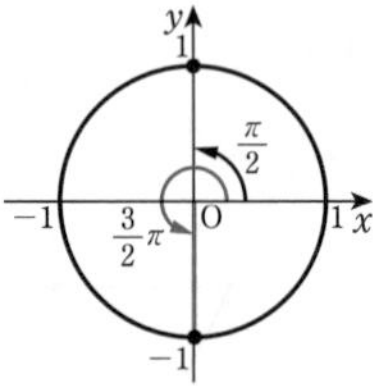

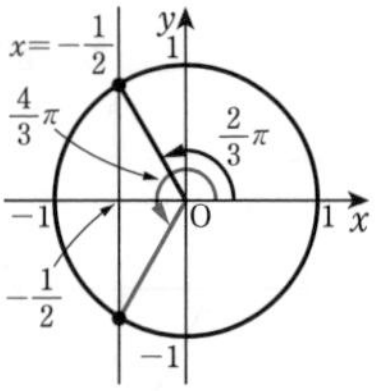

(3) $\sin^2\theta=1-\cos^2\theta$ より，与えられた方程式を変形すると

$2(1-\cos^2\theta)-5\cos\theta+5=0$

$2\cos^2\theta+5\cos\theta-7=0$

因数分解すると　$(2\cos\theta+7)(\cos\theta-1)=0$

ここで，$0\leqq\theta<2\pi$ のとき，$-1\leqq\cos\theta\leqq1$

より　$2\cos\theta+7\neq0$

ゆえに　$\cos\theta=1$

よって，$0\leqq\theta<2\pi$ の範囲において

$\boldsymbol{\theta=0}$

(4) $\cos^2\theta=1-\sin^2\theta$ より，与えられた方程式を変形すると

$4(1-\sin^2\theta)-4\sin\theta-5=0$

$4\sin^2\theta+4\sin\theta+1=0$

因数分解すると　$(2\sin\theta+1)^2=0$

ゆえに　$\sin\theta=-\dfrac{1}{2}$

よって，$0\leqq\theta<2\pi$ の範囲において

$\boldsymbol{\theta=\dfrac{7}{6}\pi,\ \dfrac{11}{6}\pi}$

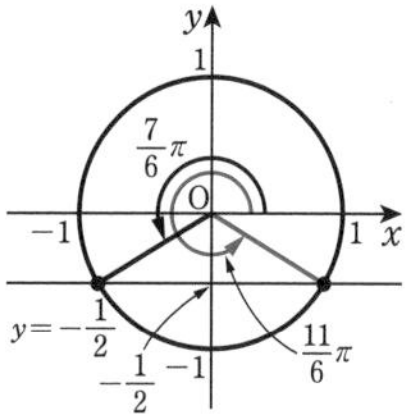

210 (1) 求める θ の値の範囲は，単位円と角 θ の動径との交点の y 座標が $\frac{1}{2}$ より大きい範囲である。

ここで，単位円と直線 $y=\frac{1}{2}$ との交点を P，Q とすると，動径 OP，OQ の表す角は $0 \leqq \theta < 2\pi$ の範囲において，$\frac{\pi}{6}$，$\frac{5}{6}\pi$ である。

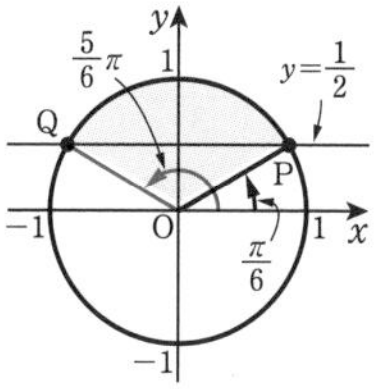

よって，求める θ の範囲は

$$\boldsymbol{\frac{\pi}{6} < \theta < \frac{5}{6}\pi}$$

(2) 求める θ の値の範囲は，単位円と角 θ の動径との交点の x 座標が $\frac{\sqrt{3}}{2}$ より小さい範囲である。

ここで，単位円と直線 $x=\frac{\sqrt{3}}{2}$ との交点を P，Q とすると，動径 OP，OQ の表す角は $0 \leqq \theta < 2\pi$ の範囲において，$\frac{\pi}{6}$，$\frac{11}{6}\pi$ である。

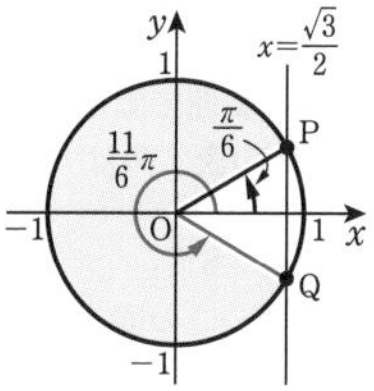

よって，求める θ の範囲は

$$\boldsymbol{\frac{\pi}{6} < \theta < \frac{11}{6}\pi}$$

(3) $2\sin\theta \leqq -\sqrt{3}$ より $\sin\theta \leqq -\frac{\sqrt{3}}{2}$

求める θ の値の範囲は，単位円と角 θ の動径との交点の y 座標が $-\frac{\sqrt{3}}{2}$ 以下であるような範囲である。

ここで，単位円と直線 $y=-\frac{\sqrt{3}}{2}$ との交点を P，Q とすると，動径OP，OQ の表す角は $0 \leqq \theta < 2\pi$ の範囲において，$\frac{4}{3}\pi$，$\frac{5}{3}\pi$

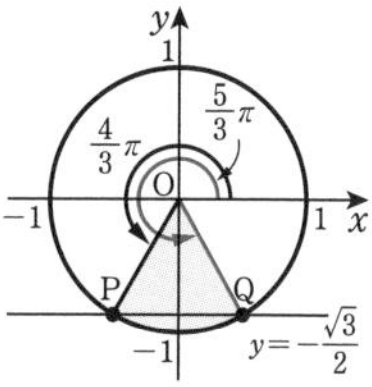

である。よって，求める θ の範囲は

$$\boldsymbol{\frac{4}{3}\pi \leqq \theta \leqq \frac{5}{3}\pi}$$

(4) $2\cos\theta - 1 \geqq 0$ より $\cos\theta \geqq \frac{1}{2}$

求める θ の値の範囲は，単位円と角 θ の動径との交点の x 座標が $\frac{1}{2}$ 以上であるような範囲である。

ここで，単位円と直線 $x=\frac{1}{2}$ との交点を P，Q とすると，動径 OP，OQ の表す角は $0 \leqq \theta < 2\pi$ の範囲において，$\frac{\pi}{3}$，$\frac{5}{3}\pi$ である。

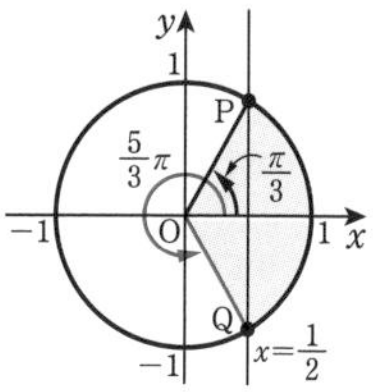

よって，求める θ の範囲は

$$\boldsymbol{0 \leqq \theta \leqq \frac{\pi}{3},\ \frac{5}{3}\pi \leqq \theta < 2\pi}$$

211 (1) $\sin\left(\theta+\frac{\pi}{4}\right)=\frac{\sqrt{3}}{2}$ となる $\theta+\frac{\pi}{4}$ の値は $0 \leqq \theta < 2\pi$ のとき $\frac{\pi}{4} \leqq \theta+\frac{\pi}{4} < \frac{9}{4}\pi$ であるから

$$\theta+\frac{\pi}{4}=\frac{\pi}{3}$$

または

$$\theta+\frac{\pi}{4}=\frac{2}{3}\pi$$

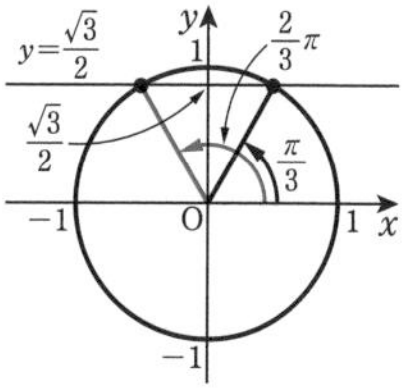

したがって

$$\boldsymbol{\theta=\frac{\pi}{12},\ \frac{5}{12}\pi}$$

(2) $\cos\left(\theta-\frac{\pi}{3}\right)=-\frac{1}{2}$ となる $\theta-\frac{\pi}{3}$ の値は $0 \leqq \theta < 2\pi$ のとき $-\frac{\pi}{3} \leqq \theta-\frac{\pi}{3} < \frac{5}{3}\pi$ であるから

第3章 三角関数

$\theta-\dfrac{\pi}{3}=\dfrac{2}{3}\pi$

または

$\theta-\dfrac{\pi}{3}=\dfrac{4}{3}\pi$

したがって

$\boldsymbol{\theta=\pi,\ \dfrac{5}{3}\pi}$

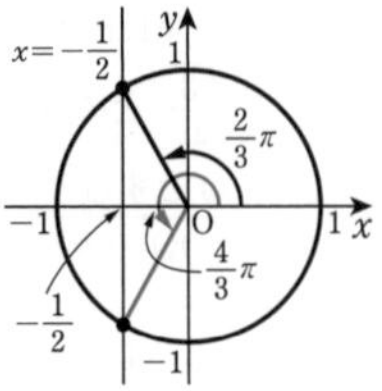

(3) $\sin\left(\theta-\dfrac{\pi}{4}\right)>\dfrac{1}{2}$ となる $\theta-\dfrac{\pi}{4}$ の値の範囲は

$0\leqq\theta<2\pi$ のとき $-\dfrac{\pi}{4}\leqq\theta-\dfrac{\pi}{4}<\dfrac{7}{4}\pi$ であるから

$\dfrac{\pi}{6}<\theta-\dfrac{\pi}{4}<\dfrac{5}{6}\pi$

したがって

$\boldsymbol{\dfrac{5}{12}\pi<\theta<\dfrac{13}{12}\pi}$

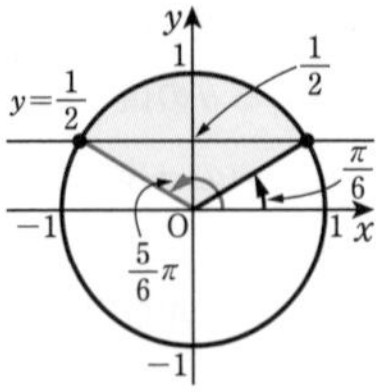

(4) $\cos\left(\theta+\dfrac{\pi}{6}\right)<\dfrac{1}{\sqrt{2}}$ となる $\theta+\dfrac{\pi}{6}$ の値の範囲は $0\leqq\theta<2\pi$ のとき $\dfrac{\pi}{6}\leqq\theta+\dfrac{\pi}{6}<\dfrac{13}{6}\pi$ であるから

$\dfrac{\pi}{4}<\theta+\dfrac{\pi}{6}<\dfrac{7}{4}\pi$

したがって

$\boldsymbol{\dfrac{\pi}{12}<\theta<\dfrac{19}{12}\pi}$

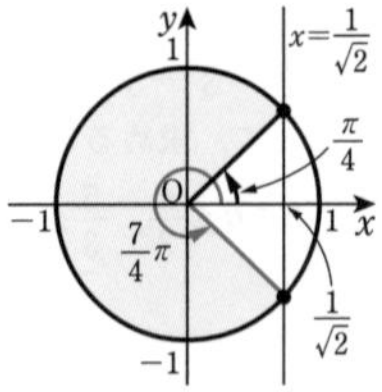

212 (1) $0\leqq\theta<2\pi$ より $\dfrac{\pi}{3}\leqq2\theta+\dfrac{\pi}{3}<\dfrac{13}{3}\pi$

ここで，$2\theta+\dfrac{\pi}{3}=\alpha$ とおくと

$\dfrac{\pi}{3}\leqq\alpha<\dfrac{13}{3}\pi$ ……①

①の範囲において，$\sin\alpha=-\dfrac{1}{2}$ となる α は，単位円と直線 $y=-\dfrac{1}{2}$ との交点を P，Q とすると動径 OP と OQ の表す角である。

①の範囲で動径 OP の表す角は $\dfrac{7}{6}\pi$ と $\dfrac{19}{6}\pi$，動径 OQ の表す角は $\dfrac{11}{6}\pi$ と $\dfrac{23}{6}\pi$ である。

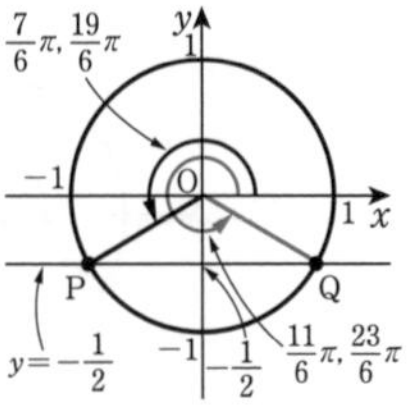

ゆえに

$\alpha=\dfrac{7}{6}\pi,\ \dfrac{11}{6}\pi,\ \dfrac{19}{6}\pi,\ \dfrac{23}{6}\pi$

よって

$2\theta+\dfrac{\pi}{3}=\dfrac{7}{6}\pi,\ 2\theta+\dfrac{\pi}{3}=\dfrac{11}{6}\pi$

$2\theta+\dfrac{\pi}{3}=\dfrac{19}{6}\pi,\ 2\theta+\dfrac{\pi}{3}=\dfrac{23}{6}\pi$

したがって　$\boldsymbol{\theta=\dfrac{5}{12}\pi,\ \dfrac{3}{4}\pi,\ \dfrac{17}{12}\pi,\ \dfrac{7}{4}\pi}$

(2) $0\leqq\theta<2\pi$ より $-\dfrac{\pi}{4}\leqq2\theta-\dfrac{\pi}{4}<\dfrac{15}{4}\pi$

ここで，$2\theta-\dfrac{\pi}{4}=\alpha$ とおくと

$-\dfrac{\pi}{4}\leqq\alpha<\dfrac{15}{4}\pi$ ……①

①の範囲において，$\cos\alpha=\dfrac{\sqrt{3}}{2}$ となる α は，単位円と直線 $x=\dfrac{\sqrt{3}}{2}$ との交点を P，Q とすると動径 OP と OQ の表す角である。

①の範囲で動径 OP の表す角は $\dfrac{\pi}{6}$ と $\dfrac{13}{6}\pi$，動径 OQ の表す角は $-\dfrac{\pi}{6}$ と $\dfrac{11}{6}\pi$ である。

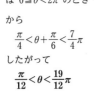

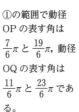

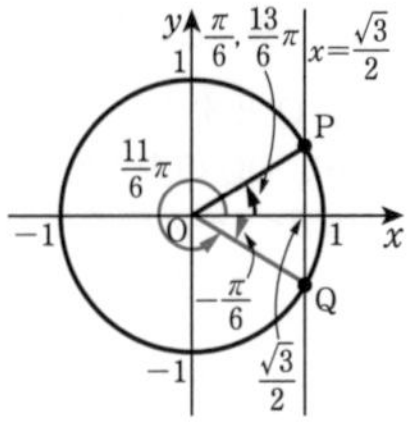

ゆえに

$\alpha=-\dfrac{\pi}{6},\ \dfrac{\pi}{6},\ \dfrac{11}{6}\pi,\ \dfrac{13}{6}\pi$

よって　$2\theta-\dfrac{\pi}{4}=-\dfrac{\pi}{6},\ 2\theta-\dfrac{\pi}{4}=\dfrac{\pi}{6}$

$2\theta-\dfrac{\pi}{4}=\dfrac{11}{6}\pi,\ 2\theta-\dfrac{\pi}{4}=\dfrac{13}{6}\pi$

したがって　$\boldsymbol{\theta=\dfrac{\pi}{24},\ \dfrac{5}{24}\pi,\ \dfrac{25}{24}\pi,\ \dfrac{29}{24}\pi}$

(3) $0\leqq\theta<2\pi$ より $\dfrac{\pi}{6}\leqq2\theta+\dfrac{\pi}{6}<\dfrac{25}{6}\pi$

ここで，$2\theta+\dfrac{\pi}{6}=\alpha$ とおくと

$\dfrac{\pi}{6} \leqq \alpha < \dfrac{25}{6}\pi$ ……①

①の範囲において，$\sin\alpha > \dfrac{\sqrt{3}}{2}$ となる α の値の範囲は，単位円と角 α の動径との交点の x 座標が $\dfrac{\sqrt{3}}{2}$ より大きい範囲である。

右の図のように，単位円と直線 $y=\dfrac{\sqrt{3}}{2}$ との交点をP，Qとすると，①の範囲における動径OPの表す角は $\dfrac{\pi}{3}$ と $\dfrac{7}{3}\pi$，

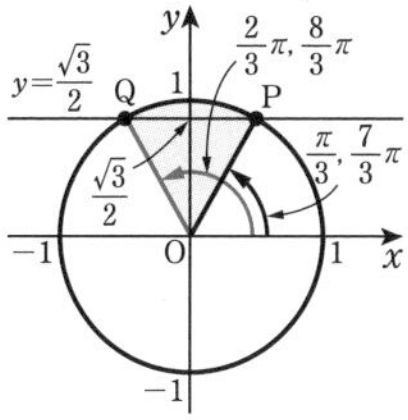

動径OQの表す角は $\dfrac{2}{3}\pi$ と $\dfrac{8}{3}\pi$

よって　$\dfrac{\pi}{3} < \alpha < \dfrac{2}{3}\pi$，$\dfrac{7}{3}\pi < \alpha < \dfrac{8}{3}\pi$

ゆえに　$\dfrac{\pi}{3} < 2\theta + \dfrac{\pi}{6} < \dfrac{2}{3}\pi$，$\dfrac{7}{3}\pi < 2\theta + \dfrac{\pi}{6} < \dfrac{8}{3}\pi$

したがって　$\boldsymbol{\dfrac{\pi}{12} < \theta < \dfrac{\pi}{4}}$，$\boldsymbol{\dfrac{13}{12}\pi < \theta < \dfrac{5}{4}\pi}$

(4)　$0 \leqq \theta < 2\pi$ より　$-\dfrac{\pi}{3} \leqq 2\theta - \dfrac{\pi}{3} < \dfrac{11}{3}\pi$

ここで，$2\theta - \dfrac{\pi}{3} = \alpha$ とおくと

$-\dfrac{\pi}{3} \leqq \alpha < \dfrac{11}{3}\pi$ ……①

①の範囲において，$\cos\alpha < \dfrac{1}{\sqrt{2}}$ となる α の範囲は，単位円と角 α の動径との交点の x 座標が $\dfrac{1}{\sqrt{2}}$ より小さい範囲である。

右の図のように，単位円と直線 $x=\dfrac{1}{\sqrt{2}}$ との交点をP，Qとすると，①の範囲における動径OPの表す角は $\dfrac{\pi}{4}$ と $\dfrac{9}{4}\pi$，

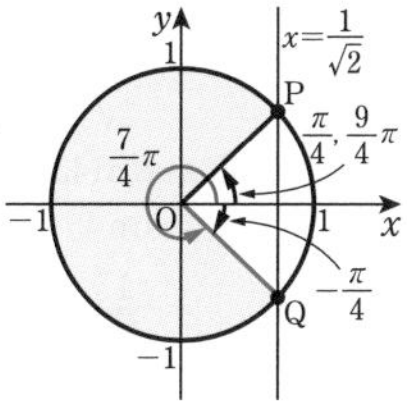

動径OQの表す角は $-\dfrac{\pi}{4}$ と $\dfrac{7}{4}\pi$

よって

$-\dfrac{\pi}{3} \leqq \alpha < -\dfrac{\pi}{4}$，$\dfrac{\pi}{4} < \alpha < \dfrac{7}{4}\pi$，$\dfrac{9}{4}\pi < \alpha < \dfrac{11}{3}\pi$

ゆえに

$-\dfrac{\pi}{3} \leqq 2\theta - \dfrac{\pi}{3} < -\dfrac{\pi}{4}$ ……②

$\dfrac{\pi}{4} < 2\theta - \dfrac{\pi}{3} < \dfrac{7}{4}\pi$ ……③

$\dfrac{9}{4}\pi < 2\theta - \dfrac{\pi}{3} < \dfrac{11}{3}\pi$ ……④

したがって，②，③，④より

$\boldsymbol{0 \leqq \theta < \dfrac{\pi}{24}}$，$\boldsymbol{\dfrac{7}{24}\pi < \theta < \dfrac{25}{24}\pi}$，$\boldsymbol{\dfrac{31}{24}\pi < \theta < 2\pi}$

213　(1)　$\cos\theta = x$ とおくと

$0 \leqq \theta < 2\pi$ より

$-1 \leqq x \leqq 1$

$y = \cos^2\theta - 4\cos\theta - 2$

$= x^2 - 4x - 2$

$= (x-2)^2 - 6$

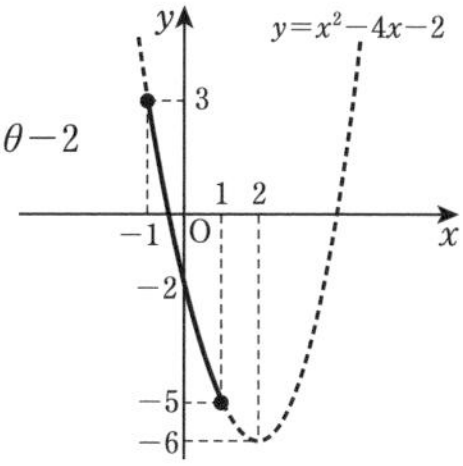

よって

$x=-1$ のとき，

最大値3をとり

$x=1$ のとき，

最小値 -5 をとる。

ゆえに

$\cos\theta = -1$ のとき，最大値3をとり

$\cos\theta = 1$ のとき，最小値 -5 をとる。

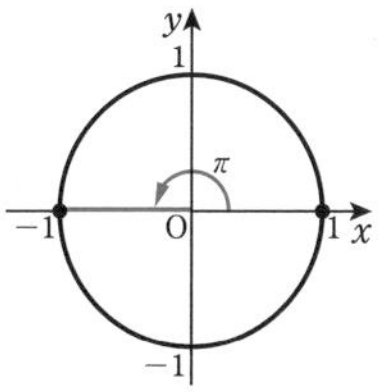

したがって

$\boldsymbol{\theta = \pi}$ **のとき，最大値**3をとり

$\boldsymbol{\theta = 0}$ **のとき，最小値** -5 をとる。

(2)　$\sin\theta = x$ とおくと

$0 \leqq \theta < 2\pi$ より

$-1 \leqq x \leqq 1$

$y = \sin^2\theta - \sin\theta + 1$

$= x^2 - x + 1$

$= \left(x - \dfrac{1}{2}\right)^2 - \left(\dfrac{1}{2}\right)^2 + 1$

$= \left(x - \dfrac{1}{2}\right)^2 + \dfrac{3}{4}$

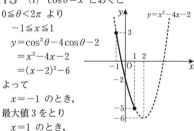

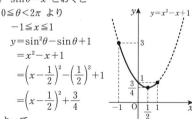

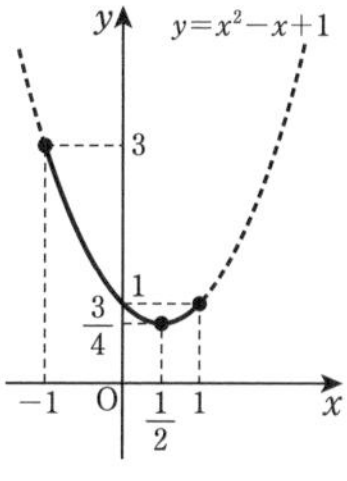

よって

$x=-1$ のとき，最大値3をとり

$x=\dfrac{1}{2}$ のとき，最小値 $\dfrac{3}{4}$ をとる。

ゆえに

$\sin\theta=-1$ のとき，最大値 3 をとり

$\sin\theta=\dfrac{1}{2}$ のとき，最小値 $\dfrac{3}{4}$ をとる。

したがって

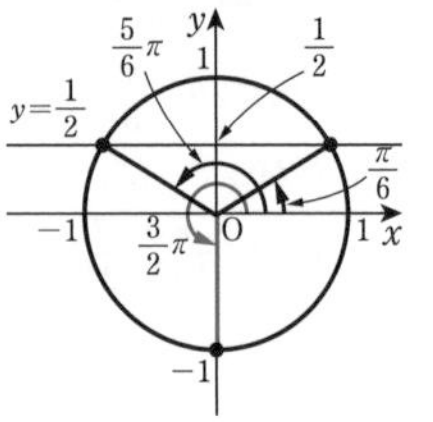

$\theta=\dfrac{3}{2}\pi$ のとき，

最大値 3 をとり

$\theta=\dfrac{\pi}{6}$，$\dfrac{5}{6}\pi$ の

とき，最小値 $\dfrac{3}{4}$

をとる。

214

(1) $\sin^2\theta=1-\cos^2\theta$ より

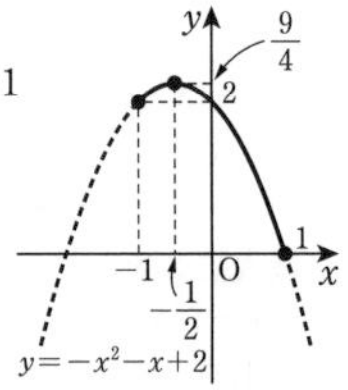

$y=\sin^2\theta-\cos\theta+1$

$=(1-\cos^2\theta)-\cos\theta+1$

$=-\cos^2\theta-\cos\theta+2$

$\cos\theta=x$ とおくと

$0\leqq\theta<2\pi$ より

$-1\leqq x\leqq 1$

$y=-\cos^2\theta-\cos\theta+2$

$=-x^2-x+2$

$=-(x^2+x)+2$

$=-\left\{\left(x+\dfrac{1}{2}\right)^2-\left(\dfrac{1}{2}\right)^2\right\}+2$

$=-\left(x+\dfrac{1}{2}\right)^2+\dfrac{9}{4}$

よって

$x=-\dfrac{1}{2}$ のとき，最大値 $\dfrac{9}{4}$ をとり

$x=1$ のとき，最小値 0 をとる。

ゆえに

$\cos\theta=-\dfrac{1}{2}$ のとき，最大値 $\dfrac{9}{4}$ をとり

$\cos\theta=1$ のとき，最小値 0 をとる。

したがって

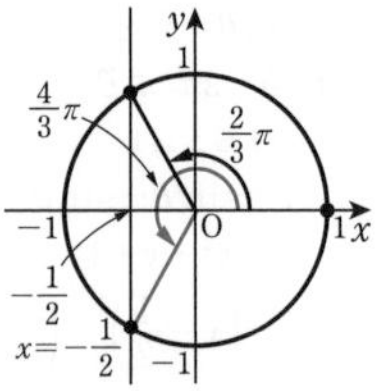

$\theta=\dfrac{2}{3}\pi$，$\dfrac{4}{3}\pi$ の

とき，最大値 $\dfrac{9}{4}$

をとり

$\theta=0$ のとき，

最小値 0 をとる。

(2) $\cos^2\theta=1-\sin^2\theta$

より

$y=\cos^2\theta+\sqrt{2}\sin\theta+1$

$=(1-\sin^2\theta)+\sqrt{2}\sin\theta+1$

$=-\sin^2\theta+\sqrt{2}\sin\theta+2$

$\sin\theta=x$ とおくと

$0\leqq\theta<2\pi$ より　$-1\leqq x\leqq 1$

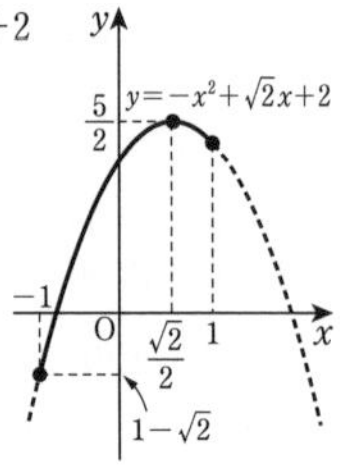

$y=-\sin^2\theta+\sqrt{2}\sin\theta+2$

$=-x^2+\sqrt{2}x+2$

$=-(x^2-\sqrt{2}x)+2$

$=-\left\{\left(x-\dfrac{\sqrt{2}}{2}\right)^2-\left(\dfrac{\sqrt{2}}{2}\right)^2\right\}+2$

$=-\left(x-\dfrac{\sqrt{2}}{2}\right)^2+\dfrac{5}{2}$

よって

$x=\dfrac{\sqrt{2}}{2}$ のとき，最大値 $\dfrac{5}{2}$ をとり

$x=-1$ のとき，最小値 $1-\sqrt{2}$ をとる。

ゆえに

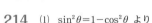

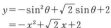

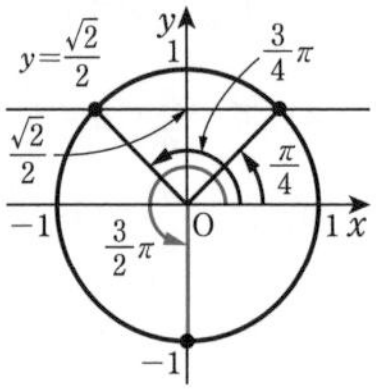

$\sin\theta=\dfrac{\sqrt{2}}{2}$ のとき，

最大値 $\dfrac{5}{2}$ をとり

$\sin\theta=-1$ のとき，

最小値 $1-\sqrt{2}$ をとる。

したがって

$\theta=\dfrac{\pi}{4}$，$\dfrac{3}{4}\pi$ のとき，最大値 $\dfrac{5}{2}$ をとり

$\theta=\dfrac{3}{2}\pi$ のとき，最小値 $1-\sqrt{2}$ をとる。

215

(1) $\cos 105^\circ=\cos(45^\circ+60^\circ)$

$=\cos 45^\circ\cos 60^\circ-\sin 45^\circ\sin 60^\circ$

$=\dfrac{1}{\sqrt{2}}\times\dfrac{1}{2}-\dfrac{1}{\sqrt{2}}\times\dfrac{\sqrt{3}}{2}$

$=\dfrac{1-\sqrt{3}}{2\sqrt{2}}=\boldsymbol{\dfrac{\sqrt{2}-\sqrt{6}}{4}}$

(2) $\sin 165^\circ=\sin(45^\circ+120^\circ)$

$=\sin 45^\circ\cos 120^\circ+\cos 45^\circ\sin 120^\circ$

$=\dfrac{1}{\sqrt{2}}\times\left(-\dfrac{1}{2}\right)+\dfrac{1}{\sqrt{2}}\times\dfrac{\sqrt{3}}{2}$

$=\dfrac{-1+\sqrt{3}}{2\sqrt{2}}=\boldsymbol{\dfrac{-\sqrt{2}+\sqrt{6}}{4}}$

(3) $\sin 345^\circ=\sin(45^\circ+300^\circ)$

$=\sin 45^\circ\cos 300^\circ+\cos 45^\circ\sin 300^\circ$

$=\dfrac{1}{\sqrt{2}}\times\dfrac{1}{2}+\dfrac{1}{\sqrt{2}}\times\left(-\dfrac{\sqrt{3}}{2}\right)$

$=\dfrac{1-\sqrt{3}}{2\sqrt{2}}=\boldsymbol{\dfrac{\sqrt{2}-\sqrt{6}}{4}}$

(4) $\cos 195^\circ=\cos(45^\circ+150^\circ)$
$=\cos 45^\circ\cos 150^\circ-\sin 45^\circ\sin 150^\circ$
$=\frac{1}{\sqrt{2}}\times\left(-\frac{\sqrt{3}}{2}\right)-\frac{1}{\sqrt{2}}\times\frac{1}{2}$
$=-\frac{\sqrt{3}+1}{2\sqrt{2}}=\boldsymbol{-\frac{\sqrt{6}+\sqrt{2}}{4}}$

216 $\sin^2\alpha+\cos^2\alpha=1$ より

$\cos^2\alpha=1-\left(\frac{12}{13}\right)^2=\frac{25}{169}$

α は第 2 象限の角であるから，$\cos\alpha<0$

よって　$\cos\alpha=-\sqrt{\frac{25}{169}}=-\frac{5}{13}$

また，$\sin^2\beta+\cos^2\beta=1$ より

$\sin^2\beta=1-\left(-\frac{3}{5}\right)^2=\frac{16}{25}$

β は第 3 象限の角であるから，$\sin\beta<0$

よって　$\sin\beta=-\sqrt{\frac{16}{25}}=-\frac{4}{5}$

(1) $\sin(\alpha+\beta)=\sin\alpha\cos\beta+\cos\alpha\sin\beta$
$=\frac{12}{13}\times\left(-\frac{3}{5}\right)+\left(-\frac{5}{13}\right)\times\left(-\frac{4}{5}\right)$
$=\boldsymbol{-\frac{16}{65}}$

(2) $\sin(\alpha-\beta)=\sin\alpha\cos\beta-\cos\alpha\sin\beta$
$=\frac{12}{13}\times\left(-\frac{3}{5}\right)-\left(-\frac{5}{13}\right)\times\left(-\frac{4}{5}\right)$
$=\boldsymbol{-\frac{56}{65}}$

(3) $\cos(\alpha+\beta)=\cos\alpha\cos\beta-\sin\alpha\sin\beta$
$=\left(-\frac{5}{13}\right)\times\left(-\frac{3}{5}\right)-\frac{12}{13}\times\left(-\frac{4}{5}\right)$
$=\boldsymbol{\frac{63}{65}}$

(4) $\cos(\alpha-\beta)=\cos\alpha\cos\beta+\sin\alpha\sin\beta$
$=\left(-\frac{5}{13}\right)\times\left(-\frac{3}{5}\right)+\frac{12}{13}\times\left(-\frac{4}{5}\right)$
$=\boldsymbol{-\frac{33}{65}}$

217 (1) $\tan 285^\circ=\tan(45^\circ+240^\circ)$
$=\frac{\tan 45^\circ+\tan 240^\circ}{1-\tan 45^\circ\tan 240^\circ}$
$=\frac{1+\sqrt{3}}{1-1\times\sqrt{3}}$
$=\frac{(1+\sqrt{3})^2}{(1-\sqrt{3})(1+\sqrt{3})}$
$=\frac{1+2\sqrt{3}+3}{1-3}=\frac{4+2\sqrt{3}}{-2}$
$=-\frac{2(2+\sqrt{3})}{2}=\boldsymbol{-2-\sqrt{3}}$

(2) $\tan 255^\circ=\tan(45^\circ+210^\circ)$
$=\frac{\tan 45^\circ+\tan 210^\circ}{1-\tan 45^\circ\tan 210^\circ}$
$=\left(1+\frac{1}{\sqrt{3}}\right)\div\left(1-1\times\frac{1}{\sqrt{3}}\right)$
$=\left(\frac{\sqrt{3}+1}{\sqrt{3}}\right)\div\left(\frac{\sqrt{3}-1}{\sqrt{3}}\right)$
$=\left(\frac{\sqrt{3}+1}{\sqrt{3}}\right)\times\left(\frac{\sqrt{3}}{\sqrt{3}-1}\right)$
$=\frac{\sqrt{3}+1}{\sqrt{3}-1}$
$=\frac{(\sqrt{3}+1)^2}{(\sqrt{3}-1)(\sqrt{3}+1)}$
$=\frac{3+2\sqrt{3}+1}{3-1}=\frac{4+2\sqrt{3}}{2}=\boldsymbol{2+\sqrt{3}}$

218 2 直線 $y=3x$，$y=\frac{1}{2}x$ と x 軸の正の部分のなす角をそれぞれ α，β とすると

$\tan\alpha=3$，$\tan\beta=\frac{1}{2}$

右の図より，2 直線のなす角 θ は

$\theta=\alpha-\beta$

よって

$\tan\theta=\tan(\alpha-\beta)$
$=\frac{3-\frac{1}{2}}{1+3\times\frac{1}{2}}$
$=\frac{5}{2}\div\frac{5}{2}=1$

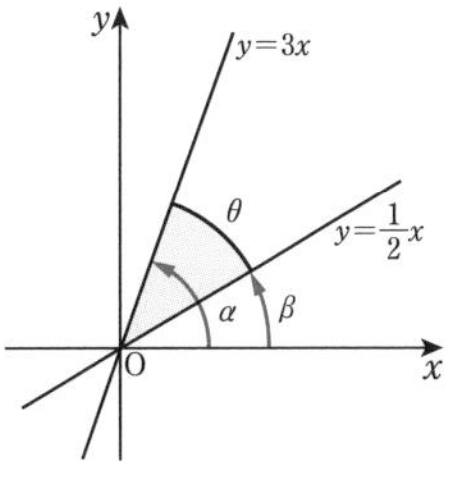

$0<\theta<\frac{\pi}{2}$ であるから　$\boldsymbol{\theta=\frac{\pi}{4}}$

219 $\sin\alpha+\cos\beta=\frac{1}{2}$ より

$(\sin\alpha+\cos\beta)^2=\left(\frac{1}{2}\right)^2$

よって

$\sin^2\alpha+2\sin\alpha\cos\beta+\cos^2\beta=\frac{1}{4}$ ……①

$\cos\alpha+\sin\beta=\frac{\sqrt{2}}{2}$ より

$(\cos\alpha+\sin\beta)^2=\left(\frac{\sqrt{2}}{2}\right)^2$

よって

$\cos^2\alpha+2\cos\alpha\sin\beta+\sin^2\beta=\dfrac{1}{2}$ ……②

①+②より

$\sin^2\alpha+\cos^2\alpha+\sin^2\beta+\cos^2\beta$
$+2\sin\alpha\cos\beta+2\cos\alpha\sin\beta=\dfrac{1}{4}+\dfrac{1}{2}$

$2+2\sin\alpha\cos\beta+2\cos\alpha\sin\beta=\dfrac{3}{4}$

$\sin\alpha\cos\beta+\cos\alpha\sin\beta=-\dfrac{5}{8}$

ゆえに，$\sin(\alpha+\beta)=\sin\alpha\cos\beta+\cos\alpha\sin\beta$
であるから

$\sin(\alpha+\beta)=-\boldsymbol{\dfrac{5}{8}}$

220 $\alpha+\beta=\dfrac{\pi}{4}$ のとき

$\tan(\alpha+\beta)=\dfrac{\tan\alpha+\tan\beta}{1-\tan\alpha\tan\beta}$ より

$\tan\dfrac{\pi}{4}=\dfrac{\tan\alpha+\tan\beta}{1-\tan\alpha\tan\beta}$

$1=\dfrac{\tan\alpha+\tan\beta}{1-\tan\alpha\tan\beta}$

$1-\tan\alpha\tan\beta=\tan\alpha+\tan\beta$

$\tan\alpha\tan\beta+\tan\alpha+\tan\beta=1$ ……①

ゆえに

$(\tan\alpha+1)(\tan\beta+1)$
$=\tan\alpha\tan\beta+\tan\alpha+\tan\beta+1$

であるから，①を代入して

$(\tan\alpha+1)(\tan\beta+1)=1+1=\boldsymbol{2}$

221 x 軸の正の部分を始線とし，動径 OP の表す角を α とすると

$\mathrm{OP}\cos\alpha=2$，$\mathrm{OP}\sin\alpha=-1$

動径 OQ の表す角は $\alpha-\dfrac{\pi}{4}$

である。

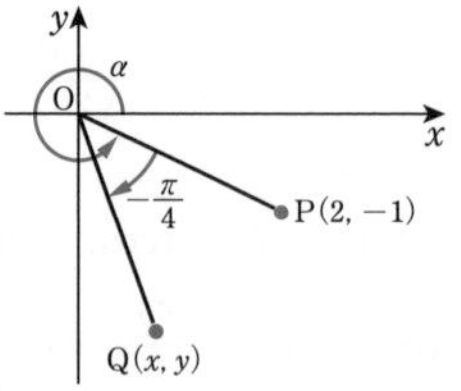

点 Q の座標を $(x,\ y)$ とすると

OQ=OP より

$x=\mathrm{OP}\cos\left(\alpha-\dfrac{\pi}{4}\right)$

$y=\mathrm{OP}\sin\left(\alpha-\dfrac{\pi}{4}\right)$

よって，加法定理より

$x=\mathrm{OP}\left(\cos\alpha\cos\dfrac{\pi}{4}+\sin\alpha\sin\dfrac{\pi}{4}\right)$

$=\mathrm{OP}\cos\alpha\cos\dfrac{\pi}{4}+\mathrm{OP}\sin\alpha\sin\dfrac{\pi}{4}$

$=2\times\dfrac{1}{\sqrt{2}}+(-1)\times\dfrac{1}{\sqrt{2}}=\dfrac{1}{\sqrt{2}}=\dfrac{\sqrt{2}}{2}$

$y=\mathrm{OP}\left(\sin\alpha\cos\dfrac{\pi}{4}-\cos\alpha\sin\dfrac{\pi}{4}\right)$

$=\mathrm{OP}\sin\alpha\cos\dfrac{\pi}{4}-\mathrm{OP}\cos\alpha\sin\dfrac{\pi}{4}$

$=(-1)\times\dfrac{1}{\sqrt{2}}-2\times\dfrac{1}{\sqrt{2}}=-\dfrac{3}{\sqrt{2}}=-\dfrac{3\sqrt{2}}{2}$

したがって，点 Q の座標は $\boldsymbol{\left(\dfrac{\sqrt{2}}{2},\ -\dfrac{3\sqrt{2}}{2}\right)}$

222 (1) α が第 1 象限のとき，$\cos\alpha>0$ であるから

$\cos\alpha=\sqrt{1-\sin^2\alpha}=\sqrt{1-\left(\dfrac{2}{3}\right)^2}=\dfrac{\sqrt{5}}{3}$

よって

$\sin2\alpha=2\sin\alpha\cos\alpha=2\times\dfrac{2}{3}\times\dfrac{\sqrt{5}}{3}=\boldsymbol{\dfrac{4\sqrt{5}}{9}}$

$\cos2\alpha=\cos^2\alpha-\sin^2\alpha=\left(\dfrac{\sqrt{5}}{3}\right)^2-\left(\dfrac{2}{3}\right)^2=\boldsymbol{\dfrac{1}{9}}$

$\tan2\alpha=\dfrac{\sin2\alpha}{\cos2\alpha}$

$=\dfrac{4\sqrt{5}}{9}\div\dfrac{1}{9}=\dfrac{4\sqrt{5}}{9}\times\dfrac{9}{1}=\boldsymbol{4\sqrt{5}}$

(2) α が第 2 象限のとき，$\sin\alpha>0$ であるから

$\sin\alpha=\sqrt{1-\cos^2\alpha}=\sqrt{1-\left(-\dfrac{1}{3}\right)^2}=\dfrac{2\sqrt{2}}{3}$

よって

$\sin2\alpha=2\sin\alpha\cos\alpha=2\times\dfrac{2\sqrt{2}}{3}\times\left(-\dfrac{1}{3}\right)$

$=\boldsymbol{-\dfrac{4\sqrt{2}}{9}}$

$\cos2\alpha=\cos^2\alpha-\sin^2\alpha$

$=\left(-\dfrac{1}{3}\right)^2-\left(\dfrac{2\sqrt{2}}{3}\right)^2$

$=\boldsymbol{-\dfrac{7}{9}}$

$\tan2\alpha=\dfrac{\sin2\alpha}{\cos2\alpha}$

$=-\dfrac{4\sqrt{2}}{9}\div\left(-\dfrac{7}{9}\right)$

$=-\dfrac{4\sqrt{2}}{9}\times\left(-\dfrac{9}{7}\right)=\boldsymbol{\dfrac{4\sqrt{2}}{7}}$

223 (1) $\sin^2 15^\circ=\dfrac{1-\cos30^\circ}{2}$

$=\frac{1}{2}\left(1-\frac{\sqrt{3}}{2}\right)$

$=\frac{1}{2}\times\frac{2-\sqrt{3}}{2}$

$=\frac{2-\sqrt{3}}{4}$

ここで，$\sin 15^\circ>0$ より

$\sin 15^\circ=\frac{\sqrt{2-\sqrt{3}}}{2}$

$\sqrt{2-\sqrt{3}}=\sqrt{\frac{4-2\sqrt{3}}{2}}$

$=\frac{\sqrt{(3+1)-2\sqrt{3\times1}}}{\sqrt{2}}$

$=\frac{\sqrt{(\sqrt{3}-1)^2}}{\sqrt{2}}$

$=\frac{\sqrt{3}-1}{\sqrt{2}}=\frac{\sqrt{6}-\sqrt{2}}{2}$

よって　$\sin 15^\circ=\boldsymbol{\frac{\sqrt{6}-\sqrt{2}}{4}}$

(2)　$\cos^2 15^\circ=\frac{1+\cos 30^\circ}{2}$

$=\frac{1}{2}\left(1+\frac{\sqrt{3}}{2}\right)$

$=\frac{1}{2}\times\frac{2+\sqrt{3}}{2}=\frac{2+\sqrt{3}}{4}$

ここで，$\cos 15^\circ>0$ より

$\cos 15^\circ=\frac{\sqrt{2+\sqrt{3}}}{2}$

$\sqrt{2+\sqrt{3}}=\sqrt{\frac{4+2\sqrt{3}}{2}}$

$=\frac{\sqrt{(3+1)+2\sqrt{3\times1}}}{\sqrt{2}}$

$=\frac{\sqrt{(\sqrt{3}+1)^2}}{\sqrt{2}}$

$=\frac{\sqrt{3}+1}{\sqrt{2}}=\frac{\sqrt{6}+\sqrt{2}}{2}$

よって　$\cos 15^\circ=\boldsymbol{\frac{\sqrt{6}+\sqrt{2}}{4}}$

(3)　$\cos^2 67.5^\circ=\frac{1+\cos 135^\circ}{2}$

$=\frac{1}{2}\left(1-\frac{1}{\sqrt{2}}\right)$

$=\frac{1}{2}\left(\frac{\sqrt{2}-1}{\sqrt{2}}\right)$

$=\frac{\sqrt{2}-1}{2\sqrt{2}}$

$=\frac{2-\sqrt{2}}{4}$

ここで，$\cos 67.5^\circ>0$ より

$\cos 67.5^\circ=\boldsymbol{\frac{\sqrt{2-\sqrt{2}}}{2}}$

注意　$\sqrt{2-\sqrt{2}}$ は，(1)，(2)のような変形はできない。

224　(1)　$\sqrt{1^2+(\sqrt{3})^2}=\sqrt{4}=2$ より

$\sin\theta+\sqrt{3}\cos\theta$

$=2\left(\sin\theta\times\frac{1}{2}+\cos\theta\times\frac{\sqrt{3}}{2}\right)$

$=2\left(\sin\theta\cos\frac{\pi}{3}+\cos\theta\sin\frac{\pi}{3}\right)$

$=\boldsymbol{2\sin\left(\theta+\frac{\pi}{3}\right)}$

(2)　$\sqrt{3^2+(-\sqrt{3})^2}=\sqrt{12}=2\sqrt{3}$ より

$3\sin\theta-\sqrt{3}\cos\theta$

$=2\sqrt{3}\left\{\sin\theta\times\frac{\sqrt{3}}{2}+\cos\theta\times\left(-\frac{1}{2}\right)\right\}$

$=2\sqrt{3}\left(\sin\theta\cos\frac{11}{6}\pi+\cos\theta\sin\frac{11}{6}\pi\right)$

$=\boldsymbol{2\sqrt{3}\sin\left(\theta+\frac{11}{6}\pi\right)}$

別解　$3\sin\theta-\sqrt{3}\cos\theta$

$=2\sqrt{3}\left(\sin\theta\times\frac{\sqrt{3}}{2}-\cos\theta\times\frac{1}{2}\right)$

$=2\sqrt{3}\left(\sin\theta\cos\frac{\pi}{6}-\cos\theta\sin\frac{\pi}{6}\right)$

$=\boldsymbol{2\sqrt{3}\sin\left(\theta-\frac{\pi}{6}\right)}$

(3)　$\sqrt{(-1)^2+1^2}=\sqrt{2}$ より

$-\sin\theta+\cos\theta$

$=\sqrt{2}\left\{\sin\theta\times\left(-\frac{1}{\sqrt{2}}\right)+\cos\theta\times\frac{1}{\sqrt{2}}\right\}$

$=\sqrt{2}\left(\sin\theta\cos\frac{3}{4}\pi+\cos\theta\sin\frac{3}{4}\pi\right)$

$=\boldsymbol{\sqrt{2}\sin\left(\theta+\frac{3}{4}\pi\right)}$

(4)　$\sqrt{3^2+(\sqrt{3})^2}=\sqrt{12}=2\sqrt{3}$ より

$3\sin\theta+\sqrt{3}\cos\theta$

$=2\sqrt{3}\left\{\sin\theta\times\frac{\sqrt{3}}{2}+\cos\theta\times\frac{1}{2}\right\}$

$=2\sqrt{3}\left(\sin\theta\cos\frac{\pi}{6}+\cos\theta\sin\frac{\pi}{6}\right)$

$=\boldsymbol{2\sqrt{3}\sin\left(\theta+\frac{\pi}{6}\right)}$

225 (1) $\sqrt{2^2+1^2}=\sqrt{5}$ より

$y=2\sin\theta+\cos\theta=\sqrt{5}\sin(\theta+\alpha)$

ただし　$\cos\alpha=\dfrac{2}{\sqrt{5}}$，$\sin\alpha=\dfrac{1}{\sqrt{5}}$

ここで，$-1\leqq\sin(\theta+\alpha)\leqq1$ であるから

$-\sqrt{5}\leqq y\leqq\sqrt{5}$

よって，この関数 y の**最大値は $\sqrt{5}$**

最小値は $-\sqrt{5}$

(2) $\sqrt{2^2+(-\sqrt{5})^2}=\sqrt{9}=3$ より

$y=2\sin\theta-\sqrt{5}\cos\theta=3\sin(\theta+\alpha)$

ただし　$\cos\alpha=\dfrac{2}{3}$，$\sin\alpha=-\dfrac{\sqrt{5}}{3}$

ここで，$-1\leqq\sin(\theta+\alpha)\leqq1$ であるから

$-3\leqq y\leqq3$

よって，この関数 y の**最大値は 3**

最小値は -3

226 (1) $\cos2\theta-\cos\theta=-1$

$\cos2\theta=2\cos^2\theta-1$ より

$2\cos^2\theta-1-\cos\theta=-1$

ゆえに　$\cos\theta(2\cos\theta-1)=0$

よって　$\cos\theta=0,\ \dfrac{1}{2}$

$0\leqq\theta<2\pi$ の範囲において

$\cos\theta=0$ のとき

$\theta=\dfrac{\pi}{2},\ \dfrac{3}{2}\pi$

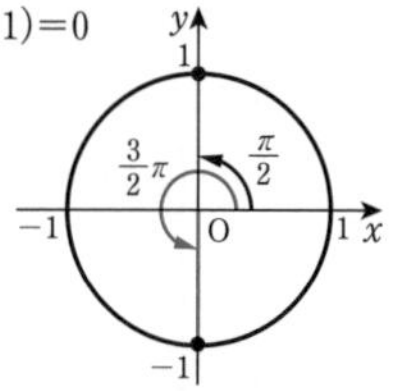

$\cos\theta=\dfrac{1}{2}$ のとき

$\theta=\dfrac{\pi}{3},\ \dfrac{5}{3}\pi$

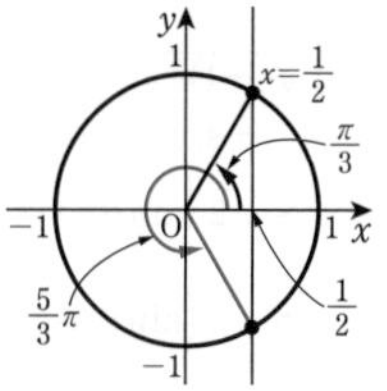

したがって

$\boldsymbol{\theta=\dfrac{\pi}{3},\ \dfrac{\pi}{2},\ \dfrac{3}{2}\pi,\ \dfrac{5}{3}\pi}$

(2) $\sin2\theta=\sqrt{3}\sin\theta$

$\sin2\theta=2\sin\theta\cos\theta$ より

$2\sin\theta\cos\theta=\sqrt{3}\sin\theta$

ゆえに　$\sin\theta(2\cos\theta-\sqrt{3})=0$

よって

$\sin\theta=0,\ \cos\theta=\dfrac{\sqrt{3}}{2}$

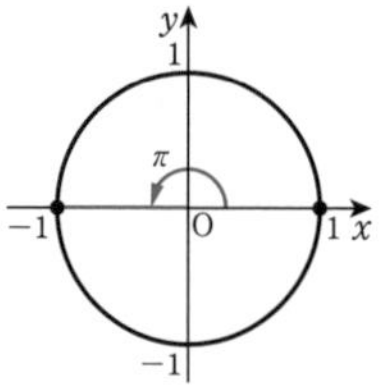

$0\leqq\theta<2\pi$ の範囲において

$\sin\theta=0$ のとき

$\theta=0,\ \pi$

$\cos\theta=\dfrac{\sqrt{3}}{2}$ のとき

$\theta=\dfrac{\pi}{6},\ \dfrac{11}{6}\pi$

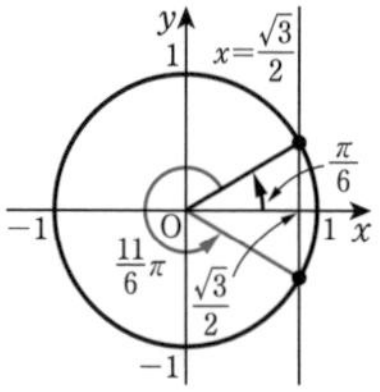

したがって

$\boldsymbol{\theta=0,\ \dfrac{\pi}{6},\ \pi,\ \dfrac{11}{6}\pi}$

(3) $\cos2\theta-5\cos\theta+3=0$

$\cos2\theta=2\cos^2\theta-1$ より

$2\cos^2\theta-1-5\cos\theta+3=0$

ゆえに　$(\cos\theta-2)(2\cos\theta-1)=0$

$-1\leqq\cos\theta\leqq1$ より　$\cos\theta-2\neq0$

よって　$\cos\theta=\dfrac{1}{2}$

$0\leqq\theta<2\pi$ の範囲において

$\boldsymbol{\theta=\dfrac{\pi}{3},\ \dfrac{5}{3}\pi}$

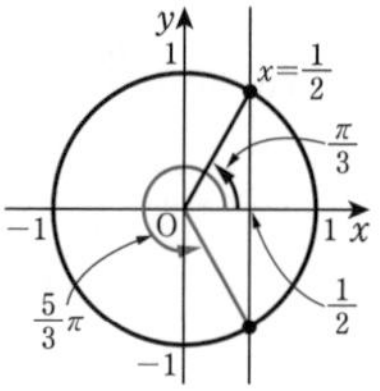

(4) $\cos2\theta=\sin\theta$

$\cos2\theta=1-2\sin^2\theta$ より

$1-2\sin^2\theta=\sin\theta$

ゆえに　$(\sin\theta+1)(2\sin\theta-1)=0$

よって　$\sin\theta=-1,\ \dfrac{1}{2}$

$0\leqq\theta<2\pi$ の範囲において

$\sin\theta=-1$ のとき

$\theta=\dfrac{3}{2}\pi$

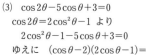

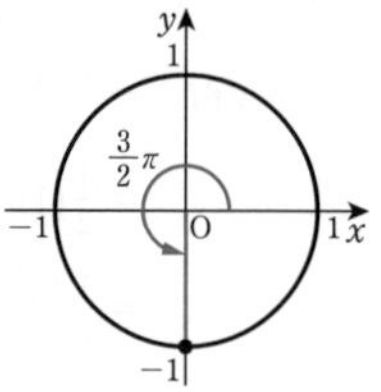

$\sin\theta=\dfrac{1}{2}$ のとき

$\theta=\dfrac{\pi}{6},\ \dfrac{5}{6}\pi$

したがって

$\boldsymbol{\theta=\dfrac{\pi}{6},\ \dfrac{5}{6}\pi,}$

$\boldsymbol{\dfrac{3}{2}\pi}$

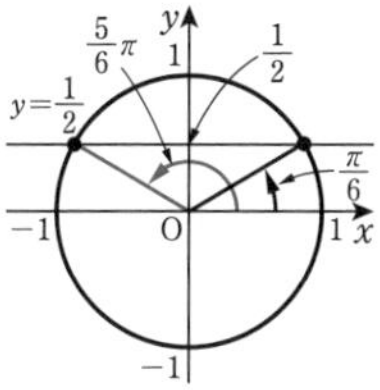

227 α が第4象限の角であるから

$\dfrac{3}{2}\pi<\alpha<2\pi$ より $\dfrac{3}{4}\pi<\dfrac{\alpha}{2}<\pi$

よって，$\dfrac{\alpha}{2}$ は第2象限の角である。

ゆえに，$\sin\dfrac{\alpha}{2}>0$，$\cos\dfrac{\alpha}{2}<0$，$\tan\dfrac{\alpha}{2}<0$

$\sin^2\dfrac{\alpha}{2}=\dfrac{1-\cos\alpha}{2}=\dfrac{1}{2}\left(1-\dfrac{1}{3}\right)=\dfrac{1}{2}\times\dfrac{2}{3}=\dfrac{1}{3}$

$\sin\dfrac{\alpha}{2}>0$ より　$\sin\dfrac{\alpha}{2}=\sqrt{\dfrac{1}{3}}=\boldsymbol{\dfrac{\sqrt{3}}{3}}$

$\cos^2\dfrac{\alpha}{2}=\dfrac{1+\cos\alpha}{2}=\dfrac{1}{2}\left(1+\dfrac{1}{3}\right)=\dfrac{1}{2}\times\dfrac{4}{3}=\dfrac{2}{3}$

$\cos\dfrac{\alpha}{2}<0$ より　$\cos\dfrac{\alpha}{2}=-\sqrt{\dfrac{2}{3}}=\boldsymbol{-\dfrac{\sqrt{6}}{3}}$

$$\tan\frac{\alpha}{2}=\frac{\sin\frac{\alpha}{2}}{\cos\frac{\alpha}{2}}$$
$$=\frac{\sqrt{3}}{3}\div\left(-\frac{\sqrt{6}}{3}\right)$$
$$=\frac{\sqrt{3}}{3}\times\left(-\frac{3}{\sqrt{6}}\right)$$
$$=-\frac{\sqrt{3}}{\sqrt{6}}=\boldsymbol{-\frac{\sqrt{2}}{2}}$$

228 (1)　$\cos2\theta+\sin\theta<0$

$\cos2\theta=1-2\sin^2\theta$ より

$1-2\sin^2\theta+\sin\theta<0$

ゆえに　$(\sin\theta-1)(2\sin\theta+1)>0$　……①

$0\leqq\theta<2\pi$ のとき，$-1\leqq\sin\theta\leqq1$

よって，①を満たす $\sin\theta$ の値の範囲は

$-1\leqq\sin\theta<-\dfrac{1}{2}$

したがって

$\boldsymbol{\dfrac{7}{6}\pi<\theta<\dfrac{11}{6}\pi}$

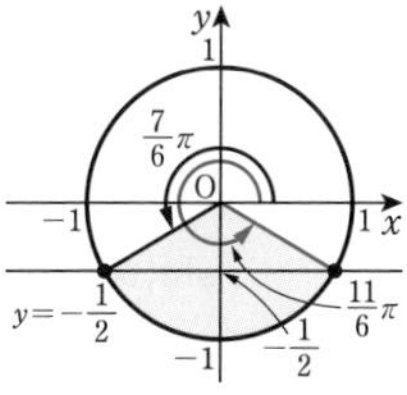

(2)　$\sin2\theta+\sqrt{2}\sin\theta>0$

$\sin2\theta=2\sin\theta\cos\theta$ より

$2\sin\theta\cos\theta+\sqrt{2}\sin\theta>0$

ゆえに　$\sin\theta(2\cos\theta+\sqrt{2})>0$

よって

$\begin{cases}\sin\theta>0\\2\cos\theta+\sqrt{2}>0\end{cases}$　……①

または

$\begin{cases}\sin\theta<0\\2\cos\theta+\sqrt{2}<0\end{cases}$　……②

$0\leqq\theta<2\pi$ の範囲において

①は，$\sin\theta>0$ を満たす θ の範囲と $\cos\theta>-\dfrac{\sqrt{2}}{2}$ を満たす θ の範囲の共通部分であるから

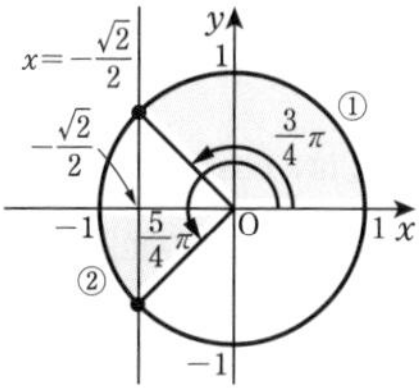

$0<\theta<\dfrac{3}{4}\pi$

②は，$\sin\theta<0$ を満たす θ の範囲と $\cos\theta<-\dfrac{\sqrt{2}}{2}$ を満たす θ の範囲の共通部分であるから　$\pi<\theta<\dfrac{5}{4}\pi$

したがって　$\boldsymbol{0<\theta<\dfrac{3}{4}\pi,\ \pi<\theta<\dfrac{5}{4}\pi}$

(3)　$\cos2\theta-\cos\theta\leqq0$ は，$\cos2\theta=2\cos^2\theta-1$ より　$2\cos^2\theta-1-\cos\theta\leqq0$

ゆえに　$(\cos\theta-1)(2\cos\theta+1)\leqq0$　……①

$0\leqq\theta<2\pi$ のとき

$-1\leqq\cos\theta\leqq1$

よって，①を満たす $\cos\theta$ の値の範囲は

$-\dfrac{1}{2}\leqq\cos\theta\leqq1$

したがって

$\boldsymbol{0\leqq\theta\leqq\dfrac{2}{3}\pi,}$

$\boldsymbol{\dfrac{4}{3}\pi\leqq\theta<2\pi}$

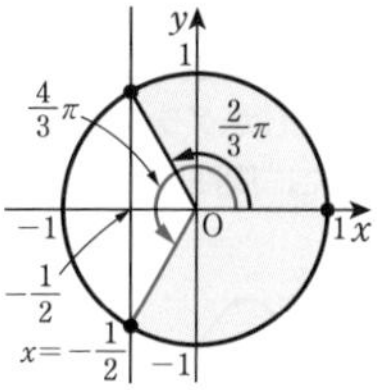

(4)　$\sin2\theta-\cos\theta<0$ は，$\sin2\theta=2\sin\theta\cos\theta$ より $2\sin\theta\cos\theta-\cos\theta<0$ と変形できる。

ゆえに　$\cos\theta(2\sin\theta-1)<0$

よって

$\begin{cases}\cos\theta>0\\2\sin\theta-1<0\end{cases}$　……①

または

$$\begin{cases} \cos\theta<0 \\ 2\sin\theta-1>0 \end{cases} \quad \cdots\cdots②$$

$0\leqq\theta<2\pi$ の範囲において

①は，$\cos\theta>0$ を満たす θ の範囲と $\sin\theta<\frac{1}{2}$ を満たす θ の範囲の共通部分であるから

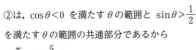

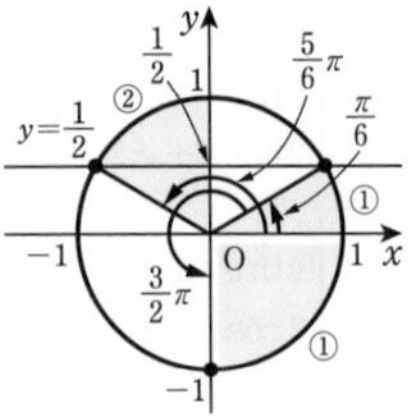

$0\leqq\theta<\frac{\pi}{6}$,

$\frac{3}{2}\pi<\theta<2\pi$

②は，$\cos\theta<0$ を満たす θ の範囲と $\sin\theta>\frac{1}{2}$ を満たす θ の範囲の共通部分であるから

$\frac{\pi}{2}<\theta<\frac{5}{6}\pi$

したがって

$$\boldsymbol{0\leqq\theta<\frac{\pi}{6},\ \frac{\pi}{2}<\theta<\frac{5}{6}\pi,\ \frac{3}{2}\pi<\theta<2\pi}$$

229 $\cos2\theta=2\cos^2\theta-1=1-2\sin^2\theta$ より

$\cos^2\theta=\frac{1+\cos2\theta}{2}$

$\sin^2\theta=\frac{1-\cos2\theta}{2}$

よって　$y=3\left(\frac{1-\cos2\theta}{2}\right)+\frac{1+\cos2\theta}{2}$

$\qquad=-\cos2\theta+2$

ゆえに，$y=3\sin^2\theta+\cos^2\theta$ のグラフは，$y=-\cos2\theta$ のグラフを，y 軸方向に 2 だけ平行移動したグラフである。

また，**周期は π** である。

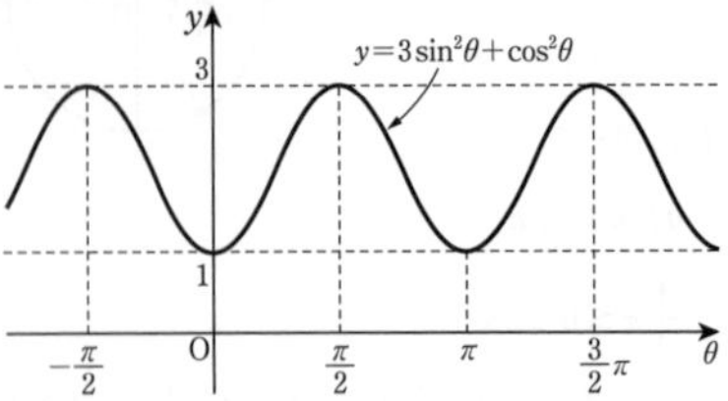

230 (1) 左辺を変形すると

$\sin\theta+\cos\theta=\sqrt{2}\sin\left(\theta+\frac{\pi}{4}\right)$

よって，$\sqrt{2}\sin\left(\theta+\frac{\pi}{4}\right)=-1$ より

$\sin\left(\theta+\frac{\pi}{4}\right)=-\frac{1}{\sqrt{2}}$

ここで，$0\leqq\theta<2\pi$ のとき

$\frac{\pi}{4}\leqq\theta+\frac{\pi}{4}<\frac{9}{4}\pi$

であるから

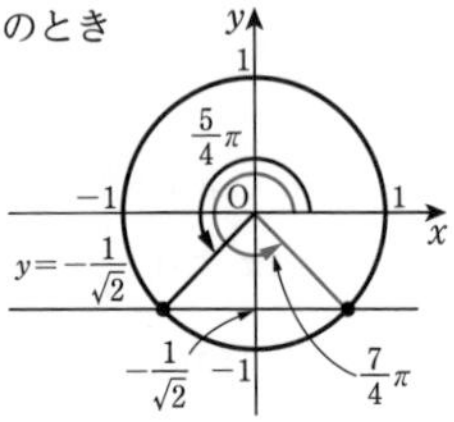

$\theta+\frac{\pi}{4}=\frac{5}{4}\pi$

または

$\theta+\frac{\pi}{4}=\frac{7}{4}\pi$

したがって　$\boldsymbol{\theta=\pi,\ \frac{3}{2}\pi}$

(2) $\sqrt{3}\sin\theta-\cos\theta-\sqrt{2}=0$ より

$\sqrt{3}\sin\theta-\cos\theta=\sqrt{2}$

左辺を変形すると

$\sqrt{3}\sin\theta-\cos\theta=2\sin\left(\theta-\frac{\pi}{6}\right)$

よって，$2\sin\left(\theta-\frac{\pi}{6}\right)=\sqrt{2}$ より

$\sin\left(\theta-\frac{\pi}{6}\right)=\frac{1}{\sqrt{2}}$

ここで，$0\leqq\theta<2\pi$ のとき

$-\frac{\pi}{6}\leqq\theta-\frac{\pi}{6}<\frac{11}{6}\pi$

であるから

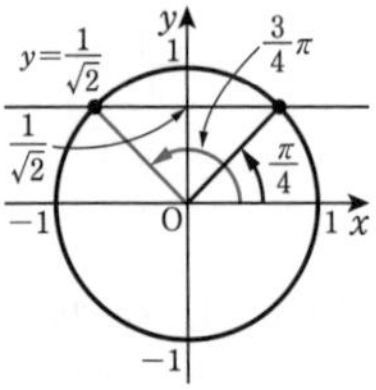

$\theta-\frac{\pi}{6}=\frac{\pi}{4}$

または

$\theta-\frac{\pi}{6}=\frac{3}{4}\pi$

したがって

$$\boldsymbol{\theta=\frac{5}{12}\pi,\ \frac{11}{12}\pi}$$

231 (1) 左辺を変形すると

$\sin\theta+\sqrt{3}\cos\theta=2\sin\left(\theta+\frac{\pi}{3}\right)$

よって　$2\sin\left(\theta+\frac{\pi}{3}\right)>\sqrt{3}$ より

$\sin\left(\theta+\frac{\pi}{3}\right)>\frac{\sqrt{3}}{2}$

ここで，$0\leqq\theta<2\pi$ のとき

$\frac{\pi}{3} \leqq \theta + \frac{\pi}{3} < \frac{7}{3}\pi$

ここで $\theta + \frac{\pi}{3} = \alpha$ とおくと

$\frac{\pi}{3} \leqq \alpha < \frac{7}{3}\pi$

この範囲において，$\sin\alpha > \frac{\sqrt{3}}{2}$ を満たす α の範囲は

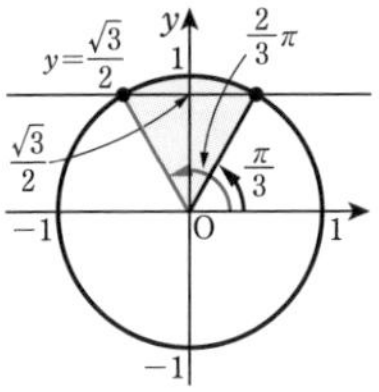

$\frac{\pi}{3} < \alpha < \frac{2}{3}\pi$

よって

$\frac{\pi}{3} < \theta + \frac{\pi}{3} < \frac{2}{3}\pi$

ゆえに　$\mathbf{0 < \theta < \frac{\pi}{3}}$

(2)　左辺を変形すると

$\sin\theta - \cos\theta = \sqrt{2}\sin\left(\theta - \frac{\pi}{4}\right)$

よって　$\sqrt{2}\sin\left(\theta - \frac{\pi}{4}\right) \leqq \frac{1}{\sqrt{2}}$ より

$\sin\left(\theta - \frac{\pi}{4}\right) \leqq \frac{1}{2}$

ここで，$0 \leqq \theta < 2\pi$ のとき

$-\frac{\pi}{4} \leqq \theta - \frac{\pi}{4} < \frac{7}{4}\pi$

ここで $\theta - \frac{\pi}{4} = \alpha$ とおくと

$-\frac{\pi}{4} \leqq \alpha < \frac{7}{4}\pi$

この範囲において，$\sin\alpha \leqq \frac{1}{2}$ を満たす α の範囲は

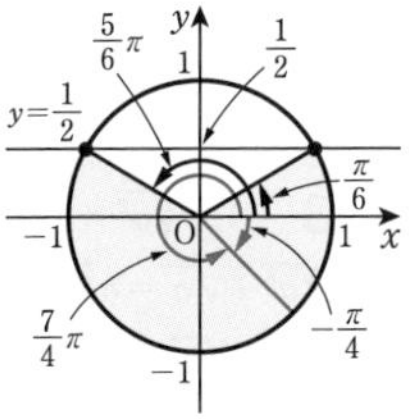

$-\frac{\pi}{4} \leqq \alpha \leqq \frac{\pi}{6}$,

$\frac{5}{6}\pi \leqq \alpha < \frac{7}{4}\pi$

よって

$-\frac{\pi}{4} \leqq \theta - \frac{\pi}{4} \leqq \frac{\pi}{6}$,

$\frac{5}{6}\pi \leqq \theta - \frac{\pi}{4} < \frac{7}{4}\pi$

ゆえに

$\mathbf{0 \leqq \theta \leqq \frac{5}{12}\pi,\ \frac{13}{12}\pi \leqq \theta < 2\pi}$

232　$\sqrt{2^2+3^2} = \sqrt{13}$ より

$y = 2\sin\theta + 3\cos\theta = \sqrt{13}\sin(\theta + \alpha)$

ただし，$\cos\alpha = \frac{2}{\sqrt{13}}$，$\sin\alpha = \frac{3}{\sqrt{13}}$

ここで，$\sin\alpha > 0$，$\cos\alpha > 0$ であるから

$0 < \alpha < \frac{\pi}{2}$

$\theta = 0$ のとき

$y = \sqrt{13}\sin(0 + \alpha)$

$= \sqrt{13}\sin\alpha = \sqrt{13} \times \frac{3}{\sqrt{13}} = 3$

$\theta = \pi$ のとき

$y = \sqrt{13}\sin(\pi + \alpha)$

$= -\sqrt{13}\sin\alpha = -\sqrt{13} \times \frac{3}{\sqrt{13}} = -3$

ゆえに，$y = 2\sin\theta + 3\cos\theta$ のグラフは次のようになり，最大値は $\mathbf{\sqrt{13}}$，最小値は $\mathbf{-3}$

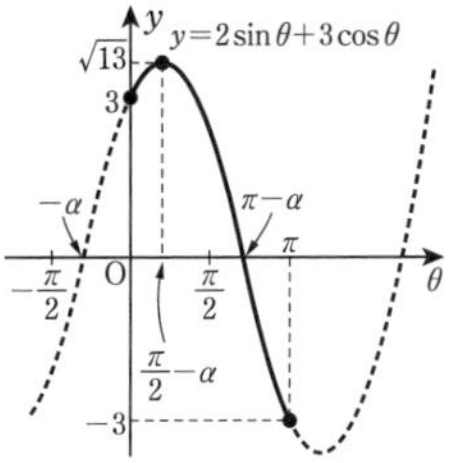

233　(1)　$\cos 75^\circ \sin 15^\circ$

$= \frac{1}{2}\{\sin(75^\circ + 15^\circ) - \sin(75^\circ - 15^\circ)\}$

$= \frac{1}{2}\{\sin 90^\circ - \sin 60^\circ\} = \frac{1}{2}\left(1 - \frac{\sqrt{3}}{2}\right)$

$= \mathbf{\frac{2 - \sqrt{3}}{4}}$

(2)　$\sin 15^\circ \sin 105^\circ$

$= -\frac{1}{2}\{\cos(15^\circ + 105^\circ) - \cos(15^\circ - 105^\circ)\}$

$= -\frac{1}{2}\{\cos 120^\circ - \cos(-90^\circ)\} = -\frac{1}{2}\left(-\frac{1}{2} - 0\right)$

$= \mathbf{\frac{1}{4}}$

(3)　$\cos 37.5^\circ \cos 7.5^\circ$

$= \frac{1}{2}\{\cos(37.5^\circ + 7.5^\circ) + \cos(37.5^\circ - 7.5^\circ)\}$

$= \frac{1}{2}(\cos 45^\circ + \cos 30^\circ) = \frac{1}{2}\left(\frac{\sqrt{2}}{2} + \frac{\sqrt{3}}{2}\right)$

$= \mathbf{\frac{\sqrt{2} + \sqrt{3}}{4}}$

(4) $\sin 75^\circ-\sin 15^\circ$

$=2\cos\dfrac{75^\circ+15^\circ}{2}\sin\dfrac{75^\circ-15^\circ}{2}$

$=2\cos 45^\circ\sin 30^\circ=2\times\dfrac{\sqrt{2}}{2}\times\dfrac{1}{2}=\boldsymbol{\dfrac{\sqrt{2}}{2}}$

(5) $\cos 75^\circ+\cos 15^\circ$

$=2\cos\dfrac{75^\circ+15^\circ}{2}\cos\dfrac{75^\circ-15^\circ}{2}$

$=2\cos 45^\circ\cos 30^\circ=2\times\dfrac{\sqrt{2}}{2}\times\dfrac{\sqrt{3}}{2}=\boldsymbol{\dfrac{\sqrt{6}}{2}}$

(6) $\cos 105^\circ-\cos 15^\circ$

$=-2\sin\dfrac{105^\circ+15^\circ}{2}\sin\dfrac{105^\circ-15^\circ}{2}$

$=-2\sin 60^\circ\sin 45^\circ=-2\times\dfrac{\sqrt{3}}{2}\times\dfrac{\sqrt{2}}{2}$

$=\boldsymbol{-\dfrac{\sqrt{6}}{2}}$

234

(1) $2\cos 4\theta\sin 2\theta$

$=2\times\dfrac{1}{2}\{\sin(4\theta+2\theta)-\sin(4\theta-2\theta)\}$

$=\boldsymbol{\sin 6\theta-\sin 2\theta}$

(2) $2\sin 3\theta\sin\theta$

$=2\times\left(-\dfrac{1}{2}\right)\{\cos(3\theta+\theta)-\cos(3\theta-\theta)\}$

$=\boldsymbol{-\cos 4\theta+\cos 2\theta}$

235

(1) $\sin 3\theta+\sin\theta$

$=2\sin\dfrac{3\theta+\theta}{2}\cos\dfrac{3\theta-\theta}{2}$

$=\boldsymbol{2\sin 2\theta\cos\theta}$

(2) $\cos 2\theta+\cos 4\theta=2\cos\dfrac{2\theta+4\theta}{2}\cos\dfrac{2\theta-4\theta}{2}$

$=2\cos 3\theta\cos(-\theta)=\boldsymbol{2\cos 3\theta\cos\theta}$

(3) $\cos\theta-\cos 5\theta=-2\sin\dfrac{\theta+5\theta}{2}\sin\dfrac{\theta-5\theta}{2}$

$=-2\sin 3\theta\sin(-2\theta)=\boldsymbol{2\sin 3\theta\sin 2\theta}$

236

(1) $a^3\times a^5=a^{3+5}=\boldsymbol{a^8}$

(2) $(a^2)^6=a^{2\times 6}=\boldsymbol{a^{12}}$

(3) $(a^2)^3\times a^4=a^{2\times 3}\times a^4=a^6\times a^4=\boldsymbol{a^{10}}$

(4) $(ab^3)^2=a^2b^{3\times 2}=\boldsymbol{a^2b^6}$

(5) $(a^2b^4)^3=a^{2\times 3}b^{4\times 3}=\boldsymbol{a^6b^{12}}$

(6) $a^2\times(a^3b^4)^2=a^2\times a^6b^8=\boldsymbol{a^8b^8}$

237

(1) $5^0=\boldsymbol{1}$　(2) $6^{-2}=\dfrac{1}{6^2}=\boldsymbol{\dfrac{1}{36}}$

(3) $10^{-1}=\boldsymbol{\dfrac{1}{10}}$　(4) $(-4)^{-3}=\dfrac{1}{(-4)^3}=\boldsymbol{-\dfrac{1}{64}}$

238

(1) $a^4\times a^{-1}=a^{4+(-1)}=\boldsymbol{a^3}$

(2) $a^{-2}\times a^3=a^{-2+3}=a^1=\boldsymbol{a}$

(3) $a^{-3}\div a^{-4}=a^{-3-(-4)}=a^1=\boldsymbol{a}$

(4) $a^3\div a^{-5}=a^{3-(-5)}=\boldsymbol{a^8}$

(5) $(a^{-2}b^{-3})^{-2}=a^{-2\times(-2)}b^{-3\times(-2)}=\boldsymbol{a^4b^6}$

(6) $a^4\times a^{-3}\div(a^2)^{-1}=a^{4+(-3)-(-2)}=\boldsymbol{a^3}$

239

(1) $10^{-4}\times 10^5=10^{-4+5}=10^1=\boldsymbol{10}$

(2) $7^{-4}\div 7^{-6}=7^{-4-(-6)}=7^2=\boldsymbol{49}$

(3) $3^5\times 3^{-5}=3^{5-5}=3^0=\boldsymbol{1}$

(4) $2^3\times 2^{-2}\div 2^{-4}=2^{3+(-2)-(-4)}=2^5=\boldsymbol{32}$

(5) $2^2\div 2^5\div 2^{-3}=2^{2-5-(-3)}=2^0=\boldsymbol{1}$

(6) $(-3^{-1})^{-2}\div 3^2\times 3^4=(-1)^{-2}\times 3^{-1\times(-2)}\div 3^2\times 3^4$

$=(-1)^{-2}\times 3^{-1\times(-2)-2+4}=1\times 3^{2-2+4}=3^4=\boldsymbol{81}$

240

(1) $\boldsymbol{-2}$　(2) **5 と -5**　(3) $\boldsymbol{2}$

(4) $\boldsymbol{-2}$　(5) $\boldsymbol{10}$　(6) $\boldsymbol{-\dfrac{1}{4}}$

241

(1) $\sqrt[3]{7}\times\sqrt[3]{49}=\sqrt[3]{7\times 49}=\sqrt[3]{7^3}=\boldsymbol{7}$

(2) $\dfrac{\sqrt[3]{81}}{\sqrt[3]{3}}=\sqrt[3]{\dfrac{81}{3}}=\sqrt[3]{27}=\sqrt[3]{3^3}=\boldsymbol{3}$

(3) $(\sqrt[6]{8})^2=\sqrt[6]{8^2}=\sqrt[6]{(2^3)^2}=\sqrt[6]{2^6}=\boldsymbol{2}$

(4) $\sqrt{\sqrt[3]{64}}=\sqrt[6]{64}=\sqrt[6]{2^6}=\boldsymbol{2}$

242

(1) $9^{\frac{3}{2}}=\sqrt{9^3}=\sqrt{(3^2)^3}=\sqrt{(3^3)^2}=3^3=\boldsymbol{27}$

(2) $64^{\frac{2}{3}}=\sqrt[3]{64^2}=\sqrt[3]{2^{12}}=\sqrt[3]{(2^4)^3}=2^4=\boldsymbol{16}$

(3) $125^{-\frac{1}{3}}=\dfrac{1}{\sqrt[3]{125}}=\dfrac{1}{\sqrt[3]{5^3}}=\boldsymbol{\dfrac{1}{5}}$

(4) $16^{-\frac{3}{4}}=\dfrac{1}{\sqrt[4]{16^3}}=\dfrac{1}{\sqrt[4]{(2^4)^3}}=\dfrac{1}{\sqrt[4]{(2^3)^4}}=\dfrac{1}{2^3}=\boldsymbol{\dfrac{1}{8}}$

243

(1) $\sqrt[3]{a^2}\times\sqrt[3]{a^4}=a^{\frac{2}{3}}\times a^{\frac{4}{3}}=a^{\frac{2}{3}+\frac{4}{3}}=\boldsymbol{a^2}$

(2) $\sqrt[4]{a^6}\div\sqrt{a}=a^{\frac{6}{4}}\div a^{\frac{1}{2}}=a^{\frac{3}{2}-\frac{1}{2}}=a^1=\boldsymbol{a}$

(3) $\sqrt{a}\div\sqrt[6]{a}\times\sqrt[3]{a^2}=a^{\frac{1}{2}}\div a^{\frac{1}{6}}\times a^{\frac{2}{3}}=a^{\frac{3-1+4}{6}}=a^1=\boldsymbol{a}$

(4) $\sqrt[3]{a^7}\times\sqrt[4]{a^5}\div\sqrt[12]{a^7}=a^{\frac{7}{3}}\times a^{\frac{5}{4}}\div a^{\frac{7}{12}}=a^{\frac{28+15-7}{12}}=\boldsymbol{a^3}$

244

(1) $27^{\frac{1}{6}}\times 9^{\frac{3}{4}}=(3^3)^{\frac{1}{6}}\times(3^2)^{\frac{3}{4}}=3^{\frac{1}{2}}\times 3^{\frac{3}{2}}$

$=3^{\frac{1}{2}+\frac{3}{2}}=3^2=\boldsymbol{9}$

(2) $16^{\frac{1}{3}}\div 4^{\frac{1}{6}}=(2^4)^{\frac{1}{3}}\div(2^2)^{\frac{1}{6}}=2^{\frac{4}{3}}\div 2^{\frac{1}{3}}$

$=2^{\frac{4}{3}-\frac{1}{3}}=2^1=\boldsymbol{2}$

(3) $\sqrt[3]{4}\times\sqrt[6]{4}=(2^2)^{\frac{1}{3}}\times(2^2)^{\frac{1}{6}}=2^{\frac{2}{3}}\times2^{\frac{1}{3}}$

$=2^{\frac{2}{3}+\frac{1}{3}}=2^1=\mathbf{2}$

(4) $\sqrt[5]{4}\times\sqrt[5]{8}=(2^2)^{\frac{1}{5}}\times(2^3)^{\frac{1}{5}}=2^{\frac{2}{5}}\times2^{\frac{3}{5}}$

$=2^{\frac{2}{5}+\frac{3}{5}}=2^1=\mathbf{2}$

(5) $(9^{-\frac{3}{5}})^{\frac{5}{6}}=\{(3^2)^{-\frac{3}{5}}\}^{\frac{5}{6}}=(3^{-\frac{6}{5}})^{\frac{5}{6}}=3^{-1}=\mathbf{\frac{1}{3}}$

(6) $\sqrt{2}\times\sqrt[6]{2}\div\sqrt[3]{4}=2^{\frac{1}{2}}\times2^{\frac{1}{6}}\div(2^2)^{\frac{1}{3}}$

$=2^{\frac{1}{2}+\frac{1}{6}-\frac{2}{3}}=2^0=\mathbf{1}$

245

(1) $(a^3)^{\frac{1}{6}}\times(a^2)^{\frac{3}{4}}=a^{3\times\frac{1}{6}+2\times\frac{3}{4}}=\boldsymbol{a^2}$

(2) $a^{\frac{3}{4}}\times a^{\frac{7}{12}}\div a^{\frac{1}{3}}=a^{\frac{3}{4}+\frac{7}{12}-\frac{1}{3}}=a^1=\boldsymbol{a}$

(3) $\sqrt[3]{a^2}\div\sqrt[6]{a}=a^{\frac{2}{3}-\frac{1}{6}}=a^{\frac{1}{2}}=\boldsymbol{\sqrt{a}}$

(4) $\sqrt{a}\times\sqrt[6]{a}\div\sqrt[3]{a^2}=a^{\frac{1}{2}+\frac{1}{6}-\frac{2}{3}}=a^0=\mathbf{1}$

246

(1) $\sqrt[3]{3}-\sqrt[3]{192}+\sqrt[3]{81}$

$=3^{\frac{1}{3}}-(4^3\times3)^{\frac{1}{3}}+(3^3\times3)^{\frac{1}{3}}$

$=3^{\frac{1}{3}}-4\times3^{\frac{1}{3}}+3\times3^{\frac{1}{3}}$

$=(1-4+3)\times3^{\frac{1}{3}}=\mathbf{0}$

(2) $\sqrt[4]{8}\times\sqrt{2}\div\sqrt[8]{4}=(2^3)^{\frac{1}{4}}\times2^{\frac{1}{2}}\div(2^2)^{\frac{1}{8}}$

$=2^{\frac{3}{4}}\times2^{\frac{1}{2}}\div2^{\frac{1}{4}}=2^{\frac{3+2-1}{4}}$

$=2^1=\mathbf{2}$

(3) $\sqrt{a^{-3}}\times\sqrt[6]{a^7}\div\sqrt[3]{a^{-4}}=a^{-\frac{3}{2}+\frac{7}{6}-\left(-\frac{4}{3}\right)}=a^1=\boldsymbol{a}$

(4) $\frac{1}{\sqrt[3]{a}}\times a\sqrt{a}\div\sqrt[3]{\sqrt{a}}=a^{-\frac{1}{3}}\times a\times a^{\frac{1}{2}}\div(a^{\frac{1}{2}})^{\frac{1}{3}}$

$=a^{-\frac{1}{3}+\frac{3}{2}-\frac{1}{6}}=a^1=\boldsymbol{a}$

247

(1) $4^2\times\left(\frac{1}{4}\right)^{\frac{2}{3}}\div\sqrt[3]{4}=4^{2-\frac{2}{3}-\frac{1}{3}}=4^1=\mathbf{4}$

(2) $9^{-\frac{1}{3}}\div\sqrt[3]{3^{-5}}\times3^{-\frac{1}{2}}=3^{-\frac{2}{3}-\left(-\frac{5}{3}\right)-\frac{1}{2}}=3^{\frac{1}{2}}=\boldsymbol{\sqrt{3}}$

(3) $\sqrt{a^3b}\times\sqrt[6]{ab}\div\sqrt[3]{a^2b^{-1}}=a^{\frac{3}{2}}b^{\frac{1}{2}}\times a^{\frac{1}{6}}b^{\frac{1}{6}}\div a^{\frac{2}{3}}b^{-\frac{1}{3}}$

$=a^{\frac{3}{2}+\frac{1}{6}-\frac{2}{3}}b^{\frac{1}{2}+\frac{1}{6}-\left(-\frac{1}{3}\right)}=a^1b^1=\boldsymbol{ab}$

(4) $\sqrt[3]{a^5}\div(a^3b)^{\frac{2}{3}}\times(ab^2)^{\frac{1}{3}}=a^{\frac{5}{3}}\div a^2b^{\frac{2}{3}}\times a^{\frac{1}{3}}b^{\frac{2}{3}}$

$=a^{\frac{5}{3}-2+\frac{1}{3}}b^{-\frac{2}{3}+\frac{2}{3}}=a^0b^0=\mathbf{1}$

248

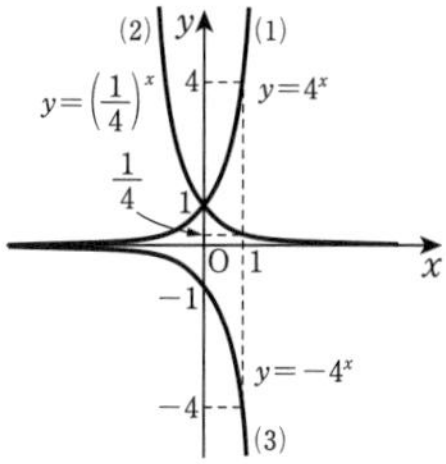

249

(1) $\sqrt[3]{3^4}=3^{\frac{4}{3}}=3^{\frac{80}{60}}$, $\sqrt[4]{3^5}=3^{\frac{5}{4}}=3^{\frac{75}{60}}$,

$\sqrt[5]{3^6}=3^{\frac{6}{5}}=3^{\frac{72}{60}}$ である。

ここで，指数の大小を比較すると

$\frac{72}{60}<\frac{75}{60}<\frac{80}{60}$

$y=3^x$ の底 3 は 1 より大きいから

$3^{\frac{72}{60}}<3^{\frac{75}{60}}<3^{\frac{80}{60}}$

したがって　$\boldsymbol{\sqrt[5]{3^6}<\sqrt[4]{3^5}<\sqrt[3]{3^4}}$

(2) $\sqrt{8}=2^{\frac{3}{2}}=2^{\frac{18}{12}}$, $\sqrt[3]{16}=2^{\frac{4}{3}}=2^{\frac{16}{12}}$,

$\sqrt[4]{32}=2^{\frac{5}{4}}=2^{\frac{15}{12}}$

ここで，指数の大小を比較すると

$\frac{15}{12}<\frac{16}{12}<\frac{18}{12}$

$y=2^x$ の底 2 は 1 より大きいから

$2^{\frac{15}{12}}<2^{\frac{16}{12}}<2^{\frac{18}{12}}$

したがって　$\boldsymbol{\sqrt[4]{32}<\sqrt[3]{16}<\sqrt{8}}$

(3) $\left(\frac{1}{9}\right)^{\frac{1}{2}}=\left\{\left(\frac{1}{3}\right)^2\right\}^{\frac{1}{2}}=\frac{1}{3}$, $\frac{1}{27}=\left(\frac{1}{3}\right)^3$

ここで，指数の大小を比較すると　$1<2<3$

$y=\left(\frac{1}{3}\right)^x$ の底 $\frac{1}{3}$ は 0 より大きく，1 より小さいから

$\left(\frac{1}{3}\right)^3<\left(\frac{1}{3}\right)^2<\frac{1}{3}$

したがって　$\boldsymbol{\frac{1}{27}<\left(\frac{1}{3}\right)^2<\left(\frac{1}{9}\right)^{\frac{1}{2}}}$

(4) $\sqrt{\frac{1}{5}}=\left(\frac{1}{5}\right)^{\frac{1}{2}}$, $\sqrt[3]{\frac{1}{25}}=\sqrt[3]{\left(\frac{1}{5}\right)^2}=\left(\frac{1}{5}\right)^{\frac{2}{3}}$,

$\sqrt[4]{\frac{1}{125}}=\sqrt[4]{\left(\frac{1}{5}\right)^3}=\left(\frac{1}{5}\right)^{\frac{3}{4}}$

ここで，指数の大小を比較すると　$\frac{1}{2}<\frac{2}{3}<\frac{3}{4}$

$y=\left(\frac{1}{5}\right)^x$ の底 $\frac{1}{5}$ は 0 より大きく，1 より小さいから

$\left(\frac{1}{5}\right)^{\frac{3}{4}}<\left(\frac{1}{5}\right)^{\frac{2}{3}}<\left(\frac{1}{5}\right)^{\frac{1}{2}}$

したがって　$\boldsymbol{\sqrt[4]{\frac{1}{125}}<\sqrt[3]{\frac{1}{25}}<\sqrt{\frac{1}{5}}}$

250　(1)　$64=2^6$ であるから　$2^x=2^6$

よって　$\boldsymbol{x=6}$

(2)　$8^x=2^{3x}$ であるから　$2^{3x}=2^6$

よって　$3x=6$　したがって　$\boldsymbol{x=2}$

(3)　$\frac{1}{27}=3^{-3}$ であるから　$3^x=3^{-3}$

よって　$\boldsymbol{x=-3}$

(4)　$8=2^3$ であるから　$2^{-3x}=2^3$

よって　$-3x=3$　したがって　$\boldsymbol{x=-1}$

(5)　$64=8^2$ であるから　$8^{3x}=8^2$

よって　$3x=2$　したがって　$\boldsymbol{x=\frac{2}{3}}$

(6)　$\left(\frac{1}{8}\right)^x=2^{-3x}$，$32=2^5$　であるから　$2^{-3x}=2^5$

よって　$-3x=5$　したがって　$\boldsymbol{x=-\frac{5}{3}}$

251　(1)　$8=2^3$ であるから　$2^x<2^3$

ここで，底 2 は 1 より大きいから　$\boldsymbol{x<3}$

(2)　$\frac{1}{9}=3^{-2}$ であるから　$3^x>3^{-2}$

ここで，底 3 は 1 より大きいから　$\boldsymbol{x>-2}$

(3)　$\left(\frac{1}{4}\right)^x=\left(\frac{1}{2}\right)^{2x}$，$8=\left(\frac{1}{2}\right)^{-3}$　であるから

$\left(\frac{1}{2}\right)^{2x}\geqq\left(\frac{1}{2}\right)^{-3}$

ここで，底 $\frac{1}{2}$ は 0 より大きく，1 より小さいから　$2x\leqq-3$

よって　$\boldsymbol{x\leqq-\frac{3}{2}}$

(4)　$3\sqrt{3}=3^{\frac{3}{2}}$ であるから　$3^{-x}<3^{\frac{3}{2}}$

ここで，底 3 は 1 より大きいから　$-x<\frac{3}{2}$

よって　$\boldsymbol{x>-\frac{3}{2}}$

(5)　$125=5^3$ であるから　$5^{x-2}\leqq5^3$

ここで，底 5 は 1 より大きいから　$x-2\leqq3$

よって　$\boldsymbol{x\leqq5}$

(6)　$\frac{1}{\sqrt[3]{5}}=\left(\frac{1}{5}\right)^{\frac{1}{3}}$ であるから　$\left(\frac{1}{5}\right)^{2x}<\left(\frac{1}{5}\right)^{\frac{1}{3}}$

ここで，底 $\frac{1}{5}$ は 0 より大きく，1 より小さいから　$2x>\frac{1}{3}$

よって　$\boldsymbol{x>\frac{1}{6}}$

252　$y=3^x$ 上の点を $\mathrm{P}(p,\ q)$ とする。

(1)　点 $\mathrm{Q}(p,\ -q)$ は点 P と x 軸に関して対称であるから，

$y=-3^x$ のグラフは $y=3^x$ のグラフと

x 軸に関して対称

(2)　点 $\mathrm{Q}(-p,\ q)$ は点 P と y 軸に関して対称であるから，

$y=3^{-x}$ のグラフは $y=3^x$ のグラフと

y 軸に関して対称

(3)　点 $\mathrm{Q}(p-2,\ q-1)$ は点 P を x 軸方向に -2，y 軸方向に -1 だけ平行移動させているから，

$y=3^{x+2}-1$ のグラフは $y=3^x$ のグラフを

x 軸方向に -2，y 軸方向に -1 だけ平行移動したもの

253　(1)　$\sqrt{2}=2^{\frac{1}{2}}=2^{\frac{6}{12}}=(2^6)^{\frac{1}{12}}=64^{\frac{1}{12}}$

$\sqrt[3]{3}=3^{\frac{1}{3}}=3^{\frac{4}{12}}=(3^4)^{\frac{1}{12}}=81^{\frac{1}{12}}$

$\sqrt[4]{5}=5^{\frac{1}{4}}=5^{\frac{3}{12}}=(5^3)^{\frac{1}{12}}=125^{\frac{1}{12}}$

$64^{\frac{1}{12}}<81^{\frac{1}{12}}<125^{\frac{1}{12}}$

よって　$\boldsymbol{\sqrt{2}<\sqrt[3]{3}<\sqrt[4]{5}}$

(2)　$2^{30}=(2^3)^{10}=8^{10}$，$3^{20}=(3^2)^{10}=9^{10}$，6^{10}

$6^{10}<8^{10}<9^{10}$

よって　$\boldsymbol{6^{10}<2^{30}<3^{20}}$

254　(1)　$9\sqrt{3}=3^2\times3^{\frac{1}{2}}=3^{\frac{5}{2}}$ であるから

$3^{x-2}=3^{\frac{5}{2}}$

よって　$x-2=\frac{5}{2}$

したがって　$\boldsymbol{x=\frac{9}{2}}$

(2)　$8^x=2^{3x}$ であるから

$2^{3x}=2^{2x+1}$

よって　$3x=2x+1$

したがって　$\boldsymbol{x=1}$

(3)　$\left(\frac{1}{9}\right)^x=3^{-2x}$ であるから

$3^{x-6}=3^{-2x}$

よって　$x-6=-2x$

したがって　$\boldsymbol{x=2}$

255 (1) $9^x=3^{2x}$ であるから $3^{3-x}>3^{2x}$
ここで，底3は1より大きいから $3-x>2x$
よって $\boldsymbol{x<1}$

(2) $\left(\dfrac{1}{27}\right)^x=\left(\dfrac{1}{3}\right)^{3x}$ であるから $\left(\dfrac{1}{3}\right)^{3x}\geqq\left(\dfrac{1}{3}\right)^{x+1}$
ここで，底 $\dfrac{1}{3}$ は0より大きく，1より小さいから $3x\leqq x+1$
よって $\boldsymbol{x\leqq\dfrac{1}{2}}$

(3) $1=\left(\dfrac{1}{3}\right)^0$ であるから $\left(\dfrac{1}{3}\right)^2<\left(\dfrac{1}{3}\right)^x<\left(\dfrac{1}{3}\right)^0$
ここで，底 $\dfrac{1}{3}$ は0より大きく，1より小さいから $2>x>0$
よって $\boldsymbol{0<x<2}$

(4) $\sqrt[3]{4}=2^{\frac{2}{3}}$，$\sqrt[5]{64}=2^{\frac{6}{5}}$ であるから
$2^{\frac{2}{3}}<2^{x-3}<2^{\frac{6}{5}}$
ここで，底2は1より大きいから
$\dfrac{2}{3}<x-3<\dfrac{6}{5}$
$\dfrac{2}{3}+3<x<\dfrac{6}{5}+3$
よって $\boldsymbol{\dfrac{11}{3}<x<\dfrac{21}{5}}$

256 (1) $2^x=t$ とおくと $t^2-9t+8=0$
より $(t-1)(t-8)=0$
$t>0$ より $t=1,\ 8$
よって $2^x=1=2^0$ または $2^x=8=2^3$
ゆえに $\boldsymbol{x=0,\ 3}$

(2) $9^x-3^{x+1}-54=0$ より $(3^x)^2-3\times3^x-54=0$
$3^x=t$ とおくと $t^2-3t-54=0$
より $(t+6)(t-9)=0$
$t>0$ より $t=9$
よって $3^x=9=3^2$
ゆえに $\boldsymbol{x=2}$

257 (1) $9^x-8\times3^x-9>0$ より
$(3^x)^2-8\times3^x-9>0$
$3^x=t$ とおくと $t^2-8t-9>0$
より $(t+1)(t-9)>0$
$t>0$ より $t>9$
よって $3^x>9$ すなわち $3^x>3^2$
底3は1より大きいから $\boldsymbol{x>2}$

(2) $4^x-10\times2^x+16<0$ より
$(2^x)^2-10\times2^x+16<0$
$2^x=t$ とおくと $t^2-10t+16<0$
より $(t-2)(t-8)<0$
$2<t<8$
よって $2<2^x<2^3$
底2は1より大きいから $\boldsymbol{1<x<3}$

258 (1) $9^x+9^{-x}=(3^2)^x+(3^2)^{-x}$
$=(3^x)^2+(3^{-x})^2$
$=(3^x+3^{-x})^2-2\times3^x\times3^{-x}$
$=3^2-2\times1=\boldsymbol{7}$

(2) $27^x+27^{-x}=(3^3)^x+(3^3)^{-x}$
$=(3^x)^3+(3^{-x})^3$
$=(3^x+3^{-x})^3-3\times3^x\times3^{-x}(3^x+3^{-x})$
$=3^3-3\times1\times3=\boldsymbol{18}$

259 (1) $2^x=t$ とおくと
$y=4^x-2^{x+2}=(2^x)^2-2^2\times2^x$
$=t^2-4t$
$-1\leqq x\leqq3$ より
$2^{-1}\leqq2^x\leqq2^3$ すなわち
$\dfrac{1}{2}\leqq t\leqq8$ であるから
$y=t^2-4t$
$=(t-2)^2-4$ $\left(\dfrac{1}{2}\leqq t\leqq8\right)$

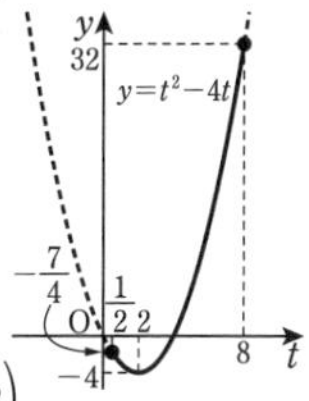

ゆえに，y は
$t=8$ のとき最大値 32
$t=2$ のとき最小値 -4
をとる。
$t=8$ のとき，$2^x=2^3$ より $x=3$
$t=2$ のとき，$2^x=2^1$ より $x=1$
よって，**$x=3$ のとき最大値 32，**
$x=1$ のとき最小値 -4 をとる。

(2) $\left(\dfrac{1}{3}\right)^x=t$ とおくと
$y=\left(\dfrac{1}{9}\right)^x-2\left(\dfrac{1}{3}\right)^{x-1}+2$
$=\left\{\left(\dfrac{1}{3}\right)^2\right\}^x-2\left(\dfrac{1}{3}\right)^{-1}\left(\dfrac{1}{3}\right)^x+2$
$=\left\{\left(\dfrac{1}{3}\right)^x\right\}^2-6\left(\dfrac{1}{3}\right)^x+2$
$=t^2-6t+2$

$-2 \leqq x \leqq 0$ より

$\left(\frac{1}{3}\right)^0 \leqq \left(\frac{1}{3}\right)^x \leqq \left(\frac{1}{3}\right)^{-2}$

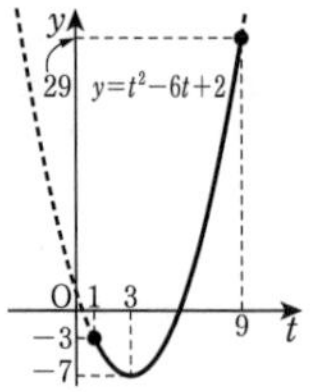

すなわち　$1 \leqq t \leqq 9$ であるから

$y=t^2-6t+2$

$=(t-3)^2-7$　$(1 \leqq t \leqq 9)$

ゆえに，y は

$t=9$ のとき最大値 29

$t=3$ のとき最小値 -7

をとる。

$t=9$ のとき，$3^{-x}=3^2$ より $x=-2$

$t=3$ のとき，$3^{-x}=3^1$ より $x=-1$

よって，**$x=-2$ のとき最大値 29,**

$x=-1$ のとき最小値 -7 をとる。

260

(1) $\mathbf{\log_3 9=2}$　(2) $\mathbf{\log_5 1=0}$

(3) $\mathbf{\log_4 \frac{1}{64}=-3}$　(4) $\mathbf{\log_7 \sqrt{7}=\frac{1}{2}}$

261

(1) $\mathbf{32=2^5}$　(2) $\mathbf{27=9^{\frac{3}{2}}}$

(3) $\mathbf{\frac{1}{125}=5^{-3}}$

262

(1) $\log_2 2=x$ とおくと $2^x=2=2^1$

よって，$x=1$ となるから $\log_2 2=\mathbf{1}$

(2) $\log_3 27=x$ とおくと $3^x=27=3^3$

よって，$x=3$ となるから $\log_3 27=\mathbf{3}$

(3) $\log_5 1=x$ とおくと $5^x=1=5^0$

よって，$x=0$ となるから $\log_5 1=\mathbf{0}$

(4) $\log_8 2=x$ とおくと $8^x=2$　$2^{3x}=2^1$

よって，$3x=1$ より　$x=\frac{1}{3}$ となるから

$\log_8 2=\mathbf{\frac{1}{3}}$

(5) $\log_3 \frac{1}{9}=x$ とおくと $3^x=\frac{1}{9}=3^{-2}$

よって，$x=-2$ となるから $\log_3 \frac{1}{9}=\mathbf{-2}$

(6) $\log_{\frac{1}{2}} 8=x$ とおくと $\left(\frac{1}{2}\right)^x=8$ より $2^{-x}=2^3$

よって，$x=-3$ となるから $\log_{\frac{1}{2}} 8=\mathbf{-3}$

(7) $\log_{25} \frac{1}{\sqrt{5}}=x$ とおくと $25^x=\frac{1}{\sqrt{5}}$ より

$5^{2x}=5^{-\frac{1}{2}}$

よって，$x=-\frac{1}{4}$ となるから

$\log_{25} \frac{1}{\sqrt{5}}=\mathbf{-\frac{1}{4}}$

(8) $\log_{\sqrt{3}} 3=x$ とおくと $(\sqrt{3})^x=3$ より

$3^{\frac{x}{2}}=3^1$

よって，$x=2$ となるから $\log_{\sqrt{3}} 3=\mathbf{2}$

263

(1) $\log_2 3+\log_2 5=\log_2(3\times5)=\log_2 15$

よって　**15**

(2) $\log_3(2\times7)=\log_3 2+\log_3 7$

よって　**7**

(3) $\log_2 15-\log_2 3=\log_2 \frac{15}{3}=\log_2 5$

よって　**5**

(4) $\log_2 \frac{7}{5}=\log_2 7-\log_2 5$　よって　**順に 7，5**

(5) $\log_3 2^5=5\log_3 2$　よって　**5**

(6) $\log_2 9=\log_2 3^2=2\log_2 3$　よって　**2**

(7) $\log_2 \frac{1}{3}=\log_2 3^{-1}=-\log_2 3$　よって　**3**

(8) $\log_2 \sqrt{5}=\log_2 5^{\frac{1}{2}}=\frac{1}{2}\log_2 5$　よって　**2**

264

(1) $\log_{10} 4+\log_{10} 25=\log_{10}(4\times25)$

$=\log_{10} 100=\log_{10} 10^2=2\log_{10} 10=\mathbf{2}$

(2) $\log_5 50-\log_5 2=\log_5 \frac{50}{2}=\log_5 25$

$=\log_5 5^2=2\log_5 5=\mathbf{2}$

(3) $\log_2 \sqrt{18}-\log_2 \frac{3}{4}=\log_2\left(\sqrt{18}\div\frac{3}{4}\right)$

$=\log_2\left(3\sqrt{2}\times\frac{4}{3}\right)=\log_2 4\sqrt{2}$

$=\log_2(2^2\times2^{\frac{1}{2}})=\log_2 2^{\frac{5}{2}}=\frac{5}{2}\log_2 2=\mathbf{\frac{5}{2}}$

(4) $\log_2(2+\sqrt{2})+\log_2(2-\sqrt{2})$

$=\log_2\{(2+\sqrt{2})(2-\sqrt{2})\}$

$=\log_2(4-2)=\log_2 2=\mathbf{1}$

(5) $2\log_3 3\sqrt{2}-\log_3 2$

$=\log_3 \frac{(3\sqrt{2})^2}{2}=\log_3 3^2=2\log_3 3=\mathbf{2}$

(6) $2\log_{10} 5-\log_{10} 15+2\log_{10}\sqrt{6}$

$=\log_{10} 5^2-\log_{10} 15+\log_{10}(\sqrt{6})^2$

$=\log_{10} \frac{5^2\times6}{15}=\log_{10} 10=\mathbf{1}$

265

(1) $\log_4 8=\frac{\log_2 8}{\log_2 4}=\frac{\log_2 2^3}{\log_2 2^2}=\frac{3\log_2 2}{2\log_2 2}$

$=\mathbf{\frac{3}{2}}$

(2) $\log_9\sqrt{3}=\dfrac{\log_3\sqrt{3}}{\log_3 9}=\dfrac{\log_3 3^{\frac{1}{2}}}{\log_3 3^2}=\dfrac{\frac{1}{2}\log_3 3}{2\log_3 3}$

$=\boldsymbol{\dfrac{1}{4}}$

(3) $\log_8\dfrac{1}{32}=-\log_8 32=-\dfrac{\log_2 32}{\log_2 8}=-\dfrac{\log_2 2^5}{\log_2 2^3}$

$=-\dfrac{5\log_2 2}{3\log_2 2}=\boldsymbol{-\dfrac{5}{3}}$

(4) $\log_3 8\times\log_4 3=\dfrac{\log_2 8}{\log_2 3}\times\dfrac{\log_2 3}{\log_2 4}=\dfrac{\log_2 2^3}{\log_2 2^2}$

$=\dfrac{3\log_2 2}{2\log_2 2}=\boldsymbol{\dfrac{3}{2}}$

(5) $\log_2 12-\log_4 9=\log_2 12-\dfrac{\log_2 9}{\log_2 4}$

$=\log_2 12-\dfrac{\log_2 3^2}{\log_2 2^2}=\log_2 12-\dfrac{2\log_2 3}{2\log_2 2}$

$=\log_2 12-\log_2 3$

$=\log_2\dfrac{12}{3}=\log_2 4=\log_2 2^2$

$=2\log_2 2=\mathbf{2}$

(6) $\log_4 9=\dfrac{\log_2 3^2}{\log_2 2^2}=\dfrac{2\log_2 3}{2\log_2 2}=\log_2 3$

であるから　$\dfrac{\log_4 9}{\log_2 3}=\dfrac{\log_2 3}{\log_2 3}=\mathbf{1}$

266

(1) $\log_2 45=\log_2(3^2\times 5)$

$=2\log_2 3+\log_2 5$

よって　$\log_2 45=\boldsymbol{2a+b}$

(2) $\log_2 200=\log_2(2^3\times 5^2)=3\log_2 2+2\log_2 5$

よって　$\log_2 200=\boldsymbol{3+2b}$

(3) $\log_2 0.12=\log_2\dfrac{12}{100}=\log_2\dfrac{3}{25}=\log_2\dfrac{3}{5^2}$

$=\log_2 3-2\log_2 5$

よって　$\log_2 0.12=\boldsymbol{a-2b}$

(4) $\log_2 120=\log_2(3\times 5\times 2^3)$

$=\log_2 3+\log_2 5+\log_2 2^3$

よって　$\log_2 120=\boldsymbol{a+b+3}$

267

(1) $\log_3 100=\log_3(4\times 5^2)$

$=\log_3 4+2\log_3 5$

よって　$\log_3 100=\boldsymbol{p+2q}$

(2) $\log_3 36=\log_3(4\times 3^2)=\log_3 4+2\log_3 3$

よって　$\log_3 36=\boldsymbol{p+2}$

(3) $\log_3 180=\log_3(4\times 5\times 3^2)$

$=\log_3 4+\log_3 5+2\log_3 3$

よって　$\log_3 180=\boldsymbol{p+q+2}$

(4) $\log_3 3.2=\log_3\dfrac{32}{10}=\log_3\dfrac{4^2}{5}$

$=2\log_3 4-\log_3 5$

よって　$\log_3 3.2=\boldsymbol{2p-q}$

268

(1) $(\log_3 2+\log_9 8)\log_4 27$

$=\left(\log_3 2+\dfrac{\log_3 2^3}{\log_3 3^2}\right)\times\dfrac{\log_3 3^3}{\log_3 2^2}$

$=\left(\log_3 2+\dfrac{3\log_3 2}{2}\right)\times\dfrac{3}{2\log_3 2}$

$=\dfrac{5}{2}\log_3 2\times\dfrac{3}{2\log_3 2}=\boldsymbol{\dfrac{15}{4}}$

(2) $(\log_4 3-\log_8 3)(\log_3 2+\log_9 2)$

$=\left(\dfrac{\log_2 3}{\log_2 2^2}-\dfrac{\log_2 3}{\log_2 2^3}\right)\left(\dfrac{\log_2 2}{\log_2 3}+\dfrac{\log_2 2}{\log_2 3^2}\right)$

$=\left(\dfrac{\log_2 3}{2}-\dfrac{\log_2 3}{3}\right)\left(\dfrac{1}{\log_2 3}+\dfrac{1}{2\log_2 3}\right)$

$=\left(\dfrac{3\log_2 3-2\log_2 3}{6}\right)\left(\dfrac{2+1}{2\log_2 3}\right)$

$=\dfrac{\log_2 3}{6}\times\dfrac{3}{2\log_2 3}=\boldsymbol{\dfrac{1}{4}}$

269

(1) $x=10^{2\log_{10}\sqrt{3}}$ とおくと，定義より

$\log_{10}x=2\log_{10}\sqrt{3}=\log_{10}(\sqrt{3})^2=\log_{10}3$

ゆえに　$x=3$

よって　$10^{2\log_{10}\sqrt{3}}=\mathbf{3}$

注意　一般に　$x=a^{\log_a x}$ である。

(2) $x=3^{\log_9 4}$ とおくと，定義より

$\log_3 x=\log_9 4$

ここで

$\log_9 4=\dfrac{\log_3 2^2}{\log_3 3^2}=\dfrac{2\log_3 2}{2\log_3 3}=\dfrac{\log_3 2}{\log_3 3}=\log_3 2$

ゆえに　$\log_3 x=\log_9 4=\log_3 2$ より

$x=2$

よって　$3^{\log_9 4}=\mathbf{2}$

注意　一般に，$\log_{a^2}b^2=\log_a b$ が成り立つ。

270

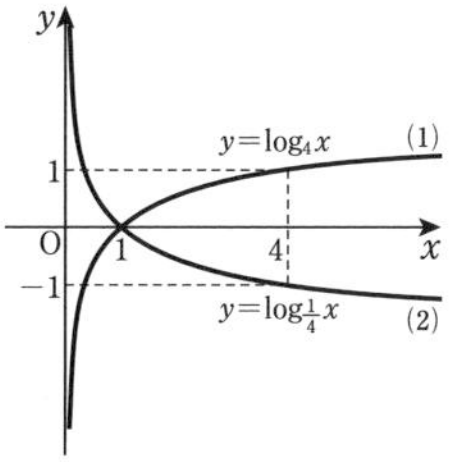

271

(1) $a>0$，$2=\log_a 9$ より　$a^2=9=3^2$

ゆえに　$a=3$

$0=\log_a b$ より　$b=1$

$-1=\log_a c$, $a=3$ より　$c=3^{-1}=\frac{1}{3}$

よって　$\boldsymbol{a=3,\ b=1,\ c=\frac{1}{3}}$

(2)　$a>0$, $-3=\log_a 8$ より　$a^{-3}=8=2^3=(2^{-1})^{-3}$

ゆえに　$a=2^{-1}=\frac{1}{2}$

$0=\log_a b$ より　$b=1$

$c=\log_a\frac{1}{2}$, $a=\frac{1}{2}$ より　$c=1$

よって　$\boldsymbol{a=\frac{1}{2},\ b=1,\ c=1}$

272　(1)　真数の大小を比較すると　$2<4<5$

$y=\log_3 x$ の底3は1より大きいから

$\boldsymbol{\log_3 2<\log_3 4<\log_3 5}$

(2)　真数の大小を比較すると　$1<3<4$

$y=\log_{\frac{1}{4}} x$ の底 $\frac{1}{4}$ は，0より大きく，1より小さいから

$\boldsymbol{\log_{\frac{1}{4}} 4<\log_{\frac{1}{4}} 3<\log_{\frac{1}{4}} 1}$

(3)　$3=\sqrt{9}$ より $\sqrt{7}<3$

$3=\frac{6}{2}$ より $3<\frac{7}{2}$

よって，真数の大小を比較すると

$\sqrt{7}<3<\frac{7}{2}$

$y=\log_2 x$ の底2は1より大きいから

$\boldsymbol{\log_2\sqrt{7}<\log_2 3<\log_2\frac{7}{2}}$

(4)　$5^2=25$, $4^{\frac{5}{2}}=2^5=32$, $3^3=27$

よって，真数の大小を比較すると

$5^2<3^3<4^{\frac{5}{2}}$

$y=\log_{\frac{1}{3}} x$ の底 $\frac{1}{3}$ は，0より大きく，1より小さいから

$\log_{\frac{1}{3}} 4^{\frac{5}{2}}<\log_{\frac{1}{3}} 3^3<\log_{\frac{1}{3}} 5^2$

すなわち

$\boldsymbol{\frac{5}{2}\log_{\frac{1}{3}} 4<3\log_{\frac{1}{3}} 3<2\log_{\frac{1}{3}} 5}$

273　(1)　$y=\log_2 x$ の底2は1より大きいから

$\log_2\frac{1}{4}\leqq\log_2 x\leqq\log_2 8$ より

$\log_2 2^{-2}\leqq y\leqq\log_2 2^3$

すなわち　$-2\leqq y\leqq 3$

よって

$x=8$ のとき　最大値3,

$x=\frac{1}{4}$ のとき　最小値 -2　をとる。

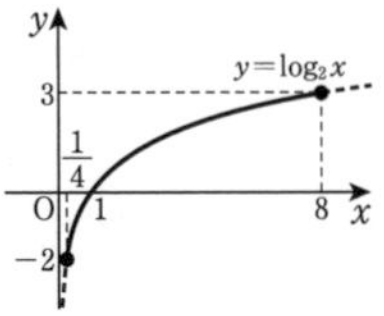

(2)　$\frac{1}{2}=\log_2 x$ より　$x=2^{\frac{1}{2}}=\boldsymbol{\sqrt{2}}$

274　(1)　$y=\log_{\frac{1}{3}} x$ の底 $\frac{1}{3}$ は，0より大きく，1より小さいから

$\log_{\frac{1}{3}} 27\leqq\log_{\frac{1}{3}} x\leqq\log_{\frac{1}{3}}\frac{1}{9}$ より

$\log_{\frac{1}{3}}\left(\frac{1}{3}\right)^{-3}\leqq y\leqq\log_{\frac{1}{3}}\left(\frac{1}{3}\right)^2$

すなわち　$-3\leqq y\leqq 2$

よって

$x=\frac{1}{9}$ のとき　最大値2,

$x=27$ のとき　最小値 -3　をとる。

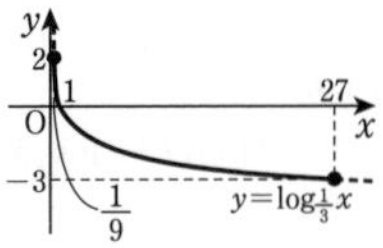

(2)　$-\frac{1}{2}=\log_{\frac{1}{2}} x$ より　$x=\left(\frac{1}{2}\right)^{-\frac{1}{2}}=2^{\frac{1}{2}}=\boldsymbol{\sqrt{2}}$

275　(1)　対数の真数は正であるから

$x-1>0$　よって　$x>1$　……①

ここで，与えられた方程式を変形すると

$\log_2(x-1)=\log_2 1$　← $0=\log_2 1$

ゆえに，$x-1=1$ より　$x=2$

これは①を満たすから求める解は　$\boldsymbol{x=2}$

別解　定義から　($x-1>0$ のもとで)

$\log_2(x-1)=0 \Longleftrightarrow x-1=2^0$

ゆえに，$x=2^0+1=2$ より　$\boldsymbol{x=2}$

(2)　対数の真数は正であるから

$3x-4>0$　よって　$x>\frac{4}{3}$　……①

ここで，与えられた方程式を変形すると

$\log_{\frac{1}{2}}(3x-4)=-\log_{\frac{1}{2}}\frac{1}{2}$ より

$\log_{\frac{1}{2}}(3x-4)=\log_{\frac{1}{2}}\left(\frac{1}{2}\right)^{-1}=\log_{\frac{1}{2}}2$

ゆえに，$3x-4=2$ より　$x=2$

これは①を満たすから求める解は　$\boldsymbol{x=2}$

別解　定義から　($3x-4>0$ のもとで)

$\log_{\frac{1}{2}}(3x-4)=-1 \Longleftrightarrow 3x-4=\left(\frac{1}{2}\right)^{-1}=2$

ゆえに，$3x-4=2$ より　$\boldsymbol{x=2}$

(3)　対数の真数は正であるから

$\frac{1}{x}>0$　よって　$x>0$　……①

ここで，与えられた方程式を変形すると

$\log_{\frac{1}{2}}\frac{1}{x}=\frac{1}{2}\log_{\frac{1}{2}}\frac{1}{2}$

$=\log_{\frac{1}{2}}\left(\frac{1}{2}\right)^{\frac{1}{2}}=\log_{\frac{1}{2}}\frac{1}{\sqrt{2}}$

ゆえに　$x=\sqrt{2}$

これは①を満たすから，求める解は　$\boldsymbol{x=\sqrt{2}}$

別解　定義から　$\left(\frac{1}{x}>0\right.$ のもとで$\left.\right)$

$\log_{\frac{1}{2}}\frac{1}{x}=\frac{1}{2} \Longleftrightarrow \frac{1}{x}=\left(\frac{1}{2}\right)^{\frac{1}{2}}=2^{-\frac{1}{2}}=\frac{1}{\sqrt{2}}$

ゆえに，$\frac{1}{x}=\frac{1}{\sqrt{2}}$ より　$\boldsymbol{x=\sqrt{2}}$

(4)　$\log_2 x^2=2\log_2 2$

$=\log_2 2^2$

ゆえに　$x^2=2^2$

$x>0$ より　$\boldsymbol{x=2}$

別解　定義から　($x^2>0$ のもとで)

$\log_2 x^2=2 \Longleftrightarrow x^2=2^2$

ゆえに　$x=\pm 2$

$x>0$ より　$\boldsymbol{x=2}$

276　(1)　真数は正であるから

$x+1>0$，$x>0$　よって　$x>0$　……①

ここで，与えられた方程式を変形すると

$\log_2 x(x+1)=\log_2 2$

ゆえに，$x(x+1)=2$ より　$x^2+x-2=0$

これを解くと　$(x+2)(x-1)=0$

より　$x=-2, 1$

①より　$\boldsymbol{x=1}$

(2)　真数は正であるから

$x+2>0$，$x-2>0$　よって　$x>2$　……①

ここで，与えられた方程式を変形すると

$\log_{\frac{1}{2}}(x+2)(x-2)=-5\log_{\frac{1}{2}}\frac{1}{2}$ より

$\log_{\frac{1}{2}}(x+2)(x-2)=\log_{\frac{1}{2}}\left(\frac{1}{2}\right)^{-5}$

$\log_{\frac{1}{2}}(x^2-4)=\log_{\frac{1}{2}}32$

ゆえに，$x^2-4=32$ より　$x^2=36$

これを解くと　$x=-6, 6$

①より　$\boldsymbol{x=6}$

277　(1)　真数は正であるから

$x>0$　……①

ここで，与えられた不等式を変形すると

$\log_2 x>3\log_2 2$　すなわち　$\log_2 x>\log_2 2^3$

底 2 は 1 より大きいから　$x>2^3$

ゆえに　$x>8$　……②

①，②より　$\boldsymbol{x>8}$

(2)　真数は正であるから

$x>0$　……①

ここで，与えられた不等式を変形すると

$\log_4 x\leqq -\log_4 4$　すなわち　$\log_4 x\leqq \log_4 4^{-1}$

底 4 は 1 より大きいから　$x\leqq 4^{-1}$

ゆえに　$x\leqq \frac{1}{4}$　……②

①，②より　$\boldsymbol{0<x\leqq \frac{1}{4}}$

(3)　真数は正であるから

$x+1>0$　よって　$x>-1$　……①

ここで，与えられた不等式を変形すると

$\log_2(x+1)\geqq \log_2 2^3$

すなわち　$\log_2(x+1)\geqq \log_2 8$

底 2 は 1 より大きいから　$x+1\geqq 8$

ゆえに　$x\geqq 7$　……②

①，②より　$\boldsymbol{x\geqq 7}$

(4)　真数は正であるから

$x>0$　……①

ここで，与えられた不等式を変形すると

$\log_{\frac{1}{2}}x<-2\log_{\frac{1}{2}}\frac{1}{2}$　$\log_{\frac{1}{2}}x<\log_{\frac{1}{2}}\left(\frac{1}{2}\right)^{-2}$

すなわち　$\log_{\frac{1}{2}}x<\log_{\frac{1}{2}}4$

底 $\frac{1}{2}$ は 0 より大きく，1 より小さいから

$x>4$　……②

①，②より　$\boldsymbol{x>4}$

(5)　真数は正であるから

$x>0$　……①

ここで，与えられた不等式を変形すると

$\log_{\frac{1}{4}}x\geqq -\log_{\frac{1}{4}}\frac{1}{4}$

$\log_{\frac{1}{4}}x \geqq \log_{\frac{1}{4}}\left(\frac{1}{4}\right)^{-1}$

すなわち　$\log_{\frac{1}{4}}x \geqq \log_{\frac{1}{4}}4$

底 $\frac{1}{4}$ は 0 より大きく，1 より小さいから

$x \leqq 4$　……②

①，②より　**$0 < x \leqq 4$**

(6)　真数は正であるから

$x-2>0$　よって　$x>2$　……①

ここで，与えられた不等式を変形すると

$\log_{\frac{1}{3}}(x-2) < -\log_{\frac{1}{3}}\frac{1}{3}$

$\log_{\frac{1}{3}}(x-2) < \log_{\frac{1}{3}}\left(\frac{1}{3}\right)^{-1}$

すなわち　$\log_{\frac{1}{3}}(x-2) < \log_{\frac{1}{3}}3$

底 $\frac{1}{3}$ は 0 より大きく，1 より小さいから

$x-2>3$

ゆえに　$x>5$　……②

①，②より　**$x>5$**

278　(1)　真数は正であるから

$x-2>0$，$x>0$　よって，$x>2$　……①

ここで，与えられた不等式を変形すると

$\log_{\frac{1}{2}}(x-2)^2 > \log_{\frac{1}{2}}x$

底 $\frac{1}{2}$ は 0 より大きく，1 より小さいから

$(x-2)^2 < x$

すなわち　$(x-1)(x-4)<0$

ゆえに　$1<x<4$　……②

①，②より　**$2<x<4$**

(2)　真数は正であるから

$x>0$，$x-1>0$　よって，$x>1$　……①

ここで，与えられた不等式を変形すると

$\log_2 x(x-1) \leqq \log_2 6$

底 2 は 1 より大きいから　$x(x-1) \leqq 6$

すなわち　$(x+2)(x-3) \leqq 0$

ゆえに　$-2 \leqq x \leqq 3$　……②

①，②より　**$1<x \leqq 3$**

(3)　真数は正であるから

$x+2>0$，$x-2>0$　よって，$x>2$　……①

ここで，与えられた不等式を変形すると

$\log_{\frac{1}{2}}(x+2)(x-2) < -5\log_{\frac{1}{2}}\frac{1}{2}$

$\log_{\frac{1}{2}}(x+2)(x-2) < \log_{\frac{1}{2}}\left(\frac{1}{2}\right)^{-5}$

$\log_{\frac{1}{2}}(x^2-4) < \log_{\frac{1}{2}}32$

底 $\frac{1}{2}$ は 0 より大きく，1 より小さいから

$x^2-4>32$

すなわち　$(x+6)(x-6)>0$

ゆえに　$x<-6$，$6<x$　……②

①，②より　**$x>6$**

(4)　真数は正であるから

$x-1>0$，$5-x>0$

よって　$1<x<5$　……①

ここで，与えられた不等式を変形すると

$\log_3(x-1) > \log_3 3 + \log_3(5-x)$

$\log_3(x-1) > \log_3 3(5-x)$

底 3 は 1 より大きいから

$x-1>3(5-x)$

ゆえに　$x>4$　……②

①，②より　**$4<x<5$**

279　底を a とする $1<a<b<a^2$ の各辺の対数をとると，$a>1$ であるから

$\log_a 1 < \log_a a < \log_a b < \log_a a^2$

すなわち

$0<1<\log_a b<2$　……①

また，

$\log_b a = \frac{\log_a a}{\log_a b} = \frac{1}{\log_a b}$ であるから

①より　$\frac{1}{2} < \frac{1}{\log_a b} < 1$　すなわち

$\frac{1}{2} < \log_b a < 1$　……②

$\log_a \frac{a}{b} = 1-\log_a b$ であるから

①より　$-2 < -\log_a b < -1$

各辺に 1 を加えると

$-1 < 1-\log_a b < 0$　すなわち

$-1 < \log_a \frac{a}{b} < 0$　……③

$\log_b \frac{b}{a} = 1-\log_b a$ であるから

②より　$-1 < -\log_b a < -\frac{1}{2}$

各辺に 1 を加えると

$0 < 1-\log_b a < \frac{1}{2}$　すなわち

$0 < \log_b \frac{b}{a} < \frac{1}{2}$　……④

よって，①，②，③，④より

$$\log_a \frac{a}{b} < \log_b \frac{b}{a} < \log_b a < \log_a b$$

280 (1) $\log_3 x = t$ とおくと

$y = (\log_3 x)^2 - \log_3 x - 2$

$= t^2 - t - 2 = \left(t - \frac{1}{2}\right)^2 - \frac{9}{4}$

ここで，$1 \leqq x \leqq 27$ より

$\log_3 1 \leqq \log_3 x \leqq \log_3 27$

$0 \leqq \log_3 x \leqq 3$

すなわち　$0 \leqq t \leqq 3$

ゆえに，y は

$t=3$ のとき最大値 4,

$t=\frac{1}{2}$ のとき最小値 $-\frac{9}{4}$

をとる。ここで，

$t=3$ のとき　$x=3^3$　より　$x=27$

$t=\frac{1}{2}$ のとき　$x=3^{\frac{1}{2}}$　より　$x=\sqrt{3}$

よって，y は

$x=27$ のとき　最大値 4,

$x=\sqrt{3}$ のとき　最小値 $-\frac{9}{4}$ をとる。

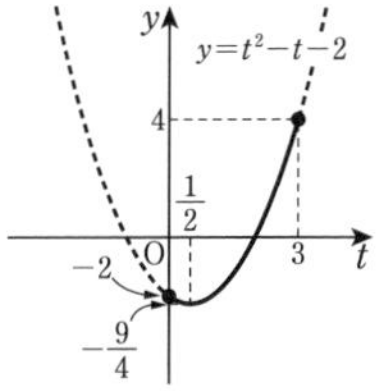

(2) $y = \left(\log_2 \frac{x}{2}\right)\left(\log_2 \frac{x}{8}\right)$

$= (\log_2 x - \log_2 2)(\log_2 x - \log_2 8)$

$= (\log_2 x - 1)(\log_2 x - 3)$

$= (\log_2 x)^2 - 4\log_2 x + 3$

ここで，$\log_2 x = t$ とおくと　$\frac{1}{2} \leqq x \leqq 8$

より　$-1 \leqq t \leqq 3$

ゆえに，$y = t^2 - 4t + 3 = (t-2)^2 - 1$ は

$t=-1$ のとき最大値 8,

$t=2$ のとき最小値 -1

をとる。ここで，

$t=-1$ のとき　$x=2^{-1}$　より　$x=\frac{1}{2}$

$t=2$ のとき　$x=2^2$　より　$x=4$

よって，y は

$x=\frac{1}{2}$ のとき　最大値 8,

$x=4$ のとき　最小値 -1 をとる。

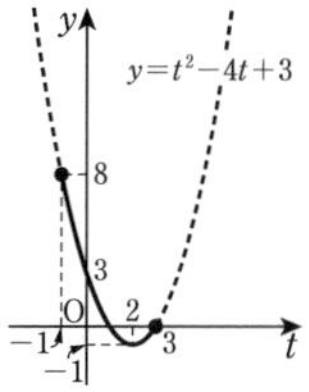

281 (1) $\log_{10} 72 = \log_{10}(7.2 \times 10)$

$= \log_{10} 7.2 + \log_{10} 10 = 0.8573 + 1$

$= \mathbf{1.8573}$

(2) $\log_{10} 540 = \log_{10}(5.4 \times 100)$

$= \log_{10} 5.4 + \log_{10} 100 = 0.7324 + 2 = \mathbf{2.7324}$

(3) $\log_{10} 0.06 = \log_{10} \frac{6}{100} = \log_{10} 6 - \log_{10} 100$

$= 0.7782 - 2 = \mathbf{-1.2218}$

(4) $\log_{10} \sqrt{6} = \frac{1}{2}\log_{10} 6 = \frac{1}{2} \times 0.7782 = \mathbf{0.3891}$

282 (1) $\log_3 50 = \frac{\log_{10} 50}{\log_{10} 3}$

$= \frac{\log_{10} 5 + \log_{10} 10}{\log_{10} 3} = \frac{0.6990 + 1}{0.4771}$

$= \frac{1.6990}{0.4771} \fallingdotseq \mathbf{3.5611}$

(2) $\log_2 \sqrt{10} = \frac{\log_{10} \sqrt{10}}{\log_{10} 2} = \frac{\frac{1}{2}\log_{10} 10}{\log_{10} 2}$

$= \frac{0.5}{0.3010} \fallingdotseq \mathbf{1.6611}$

(3) $\log_4 0.9 = \frac{\log_{10} 9 - \log_{10} 10}{\log_{10} 4}$

$= \frac{0.9542 - 1}{0.6021} = -\frac{0.0458}{0.6021} \fallingdotseq \mathbf{-0.0761}$

283 (1) $\log_{10} 2^{40} = 40\log_{10} 2 = 40 \times 0.3010$

$= 12.04$

ゆえに　$12 < \log_{10} 2^{40} < 13$

よって　$10^{12} < 2^{40} < 10^{13}$

したがって，2^{40} は **13 桁の数**

(2) $\log_{10} 3^{40} = 40\log_{10} 3 = 40 \times 0.4771 = 19.084$

ゆえに　$19 < \log_{10} 3^{40} < 20$

よって　$10^{19} < 3^{40} < 10^{20}$

したがって，3^{40} は **20 桁の数**

284 (1) $\log_{10} 6 = \log_{10}(2 \times 3)$

$=\log_{10}2+\log_{10}3$

よって　$\log_{10}6=\boldsymbol{a+b}$

(2)　$\log_{10}20=\log_{10}(2\times10)=\log_{10}2+\log_{10}10$

よって　$\log_{10}20=\boldsymbol{a+1}$

(3)　$\log_{10}90=\log_{10}(3^2\times10)=2\log_{10}3+\log_{10}10$

よって　$\log_{10}90=\boldsymbol{2b+1}$

(4)　$\log_{10}\sqrt{12}=\log_{10}12^{\frac{1}{2}}=\frac{1}{2}\log_{10}(2^2\times3)$

$=\frac{1}{2}(\log_{10}2^2+\log_{10}3)$

$=\log_{10}2+\frac{1}{2}\log_{10}3$

よって　$\log_{10}\sqrt{12}=\boldsymbol{a+\frac{1}{2}b}$

(5)　$\log_{10}5=\log_{10}\frac{10}{2}=\log_{10}10-\log_{10}2$

よって　$\log_{10}5=\boldsymbol{1-a}$

(6)　$\log_{10}15=\log_{10}\left(3\times\frac{10}{2}\right)$

$=\log_{10}3+\log_{10}10-\log_{10}2$

よって　$\log_{10}15=\boldsymbol{-a+b+1}$

285　(1)　$\log_{10}\left(\frac{1}{2}\right)^{20}=\log_{10}2^{-20}=-20\log_{10}2$

$=-20\times0.3010=-6.020$

ゆえに　$-7<\log_{10}\left(\frac{1}{2}\right)^{20}<-6$

よって　$10^{-7}<\left(\frac{1}{2}\right)^{20}<10^{-6}$

したがって　$\left(\frac{1}{2}\right)^{20}$ を小数で表すと，

小数第 7 位にはじめて 0 でない数字が現れる。

(2)　$\log_{10}0.6^{20}=\log_{10}\left(\frac{6}{10}\right)^{20}$

$=20(\log_{10}6-\log_{10}10)$

$=20(\log_{10}2+\log_{10}3-1)$

$=20(0.3010+0.4771-1)$

$=20\times(-0.2219)$

$=-4.438$

ゆえに　$-5<\log_{10}0.6^{20}<-4$

よって　$10^{-5}<0.6^{20}<10^{-4}$

したがって　0.6^{20} を小数で表すと，

小数第 5 位にはじめて 0 でない数字が現れる。

(3)　$\log_{10}(\sqrt[3]{0.24})^{10}=\log_{10}0.24^{\frac{10}{3}}$

$=\frac{10}{3}\log_{10}\frac{24}{100}=\frac{10}{3}\log_{10}\frac{2^3\times3}{10^2}$

$=\frac{10}{3}(\log_{10}2^3+\log_{10}3-2)$

$=\frac{10}{3}(3\times0.3010+0.4771-2)$

$\fallingdotseq-2.066$

ゆえに　$-3<\log_{10}(\sqrt[3]{0.24})^{10}<-2$

よって　$10^{-3}<(\sqrt[3]{0.24})^{10}<10^{-2}$

したがって　$(\sqrt[3]{0.24})^{10}$ を小数で表すと，

小数第 3 位にはじめて 0 でない数字が現れる。

286　3^n が 10 桁の数であるとき

$10^9\leqq3^n<10^{10}$

が成り立つ。ここで各辺の常用対数をとると

$\log_{10}10^9\leqq\log_{10}3^n<\log_{10}10^{10}$

$9\log_{10}10\leqq n\log_{10}3<10\log_{10}10$

$9\leqq0.4771\times n<10$

各辺を 0.4771 で割ると

$\frac{9}{0.4771}\leqq n<\frac{10}{0.4771}$

ここで　$\frac{9}{0.4771}=18.86\cdots$

$\frac{10}{0.4771}=20.95\cdots$

より，$18.86\cdots\leqq n<20.95\cdots$ を満たす自然数 n は

$\boldsymbol{n=19,\ 20}$

287　$2^x=5^y=10^2$ の各辺は正の数であるから，

2 を底とする対数をとると

$\log_2 2^x=\log_2 5^y=\log_2 10^2$

$x\log_2 2=y\log_2 5=2\log_2(2\times5)$

$x=y\log_2 5=2(1+\log_2 5)$

であるから　$x=2(1+\log_2 5)$，$y=\frac{2(1+\log_2 5)}{\log_2 5}$

よって　$\frac{1}{x}+\frac{1}{y}$

$=\frac{1}{2(1+\log_2 5)}+\frac{\log_2 5}{2(1+\log_2 5)}$

$=\boldsymbol{\frac{1}{2}}$

288　$2^a=5^b=10^c$ の各辺は正の数であるから，

2 を底とする対数をとると

$\log_2 2^a=\log_2 5^b=\log_2 10^c$

$a\log_2 2=b\log_2 5=c\log_2(2\times5)$

$a=b\log_2 5=c(1+\log_2 5)$

であるから　$b=\frac{a}{\log_2 5}$，$c=\frac{a}{1+\log_2 5}$

よって　$\frac{1}{a}+\frac{1}{b}-\frac{1}{c}$

$=\dfrac{1}{a}+\dfrac{\log_2 5}{a}-\dfrac{1+\log_2 5}{a}=\mathbf{0}$

289 $1.5^n>10^{10}$ の各辺の常用対数をとると

$\log_{10}\left(\dfrac{3}{2}\right)^n>\log_{10}10^{10}$

$n(\log_{10}3-\log_{10}2)>10$

$n(0.4771-0.3010)>10$

$0.1761n>10$

ゆえに　$n>56.78\cdots\cdots$

よって，この不等式を満たす最小の正の整数 n は

$\boldsymbol{n=57}$

290 この微生物が n 回分裂してはじめて1000 万個以上になったとすると，n は

$2^n\geqq 10^7$

を満たす最小の整数である。

この両辺の常用対数をとると　$\log_{10}2^n\geqq\log_{10}10^7$

すなわち　$n\log_{10}2\geqq 7$

ゆえに　$n\geqq\dfrac{7}{\log_{10}2}=\dfrac{7}{0.3010}=23.2\cdots\cdots$

これを満たす最小の正の整数は　24

よって，**24 回** 分裂したときである。

291 (1) $\dfrac{(1^2+2\times1)-(0^2+2\times0)}{1-0}=\mathbf{3}$

(2) $\dfrac{(2^2+2\times2)-\{(-1)^2+2\times(-1)\}}{2-(-1)}=\dfrac{9}{3}=\mathbf{3}$

292 (1) $\dfrac{\{2(3+h)^2-(3+h)\}-(2\times3^2-3)}{h}$

$=\dfrac{11h+2h^2}{h}=\mathbf{11+2h}$

(2) $\dfrac{\{2(a+h)^2-(a+h)\}-(2a^2-a)}{h}$

$=\dfrac{(4a-1)h+2h^2}{h}=\mathbf{4a-1+2h}$

293 (1) $\lim_{h\to0}(2+4h)=\mathbf{2}$

(2) $\lim_{h\to0}(1-6h+2h^2)=\mathbf{1}$

294

$f'(-1)$

$=\lim_{h\to0}\dfrac{\{-(-1+h)^2+4(-1+h)\}-\{-(-1)^2+4\times(-1)\}}{h}$

$=\lim_{h\to0}\dfrac{6h-h^2}{h}=\lim_{h\to0}(6-h)=\mathbf{6}$

$f'(2)$

$=\lim_{h\to0}\dfrac{\{-(2+h)^2+4(2+h)\}-(-2^2+4\times2)}{h}$

$=\lim_{h\to0}\dfrac{-h^2}{h}=\lim_{h\to0}(-h)=\mathbf{0}$

295 $x=0$ から $x=1$ までの平均変化率が -3 であることから

$\dfrac{(a\times1^2+b\times1+1)-(a\times0^2+b\times0+1)}{1-0}=-3$

より　$a+b=-3$　　　　……①

$f'(3)$

$=\lim_{h\to0}\dfrac{\{a(3+h)^2+b(3+h)+1\}-(a\times3^2+b\times3+1)}{h}$

$=\lim_{h\to0}\dfrac{6ah+bh+ah^2}{h}$

$=\lim_{h\to0}(6a+b+ah)=6a+b$

より　$6a+b=7$　　　　……②

②−① より　$5a=10$

$a=2$

①に代入して

$2+b=-3$　より　$b=-5$

よって　$\boldsymbol{a=2,\ b=-5}$

296 (1) $f'(x)=\lim_{h\to0}\dfrac{(x+h)^2-x^2}{h}$

$=\lim_{h\to0}\dfrac{(x^2+2xh+h^2)-x^2}{h}$

$=\lim_{h\to0}\dfrac{2xh+h^2}{h}$

$=\lim_{h\to0}(2x+h)=\mathbf{2x}$

(2) $f'(x)=\lim_{h\to0}\dfrac{5-5}{h}=\lim_{h\to0}\dfrac{0}{h}=\lim_{h\to0}0=\mathbf{0}$

297 (1) $y=4x-1$ より $y'=\mathbf{4}$

(2) $y=x^2-2x+2$ より $y'=\mathbf{2x-2}$

(3) $y=3x^2+6x-5$ より $y'=\mathbf{6x+6}$

(4) $y=x^3-5x^2-6$ より $y'=\mathbf{3x^2-10x}$

(5) $y=-2x^3+6x^2+4x$ より

$y'=\mathbf{-6x^2+12x+4}$

(6) $y=\dfrac{4}{3}x^3-\dfrac{1}{2}x^2-\dfrac{3}{2}x$ より $y'=\mathbf{4x^2-x-\dfrac{3}{2}}$

(7) $y=4x^3-5x^2+7$ より $y'=\mathbf{12x^2-10x}$

298 (1) $y=(x-1)(x-2)=x^2-3x+2$ より

$y'=\mathbf{2x-3}$

(2) $y=(2x-1)(2x+1)=4x^2-1$　より

$y'=\boldsymbol{8x}$

(3) $y=(3x+2)^2=9x^2+12x+4$ より
$y'=\boldsymbol{18x+12}$

(4) $y=x^2(x-3)=x^3-3x^2$ より
$y'=\boldsymbol{3x^2-6x}$

(5) $y=x(2x-1)^2=x(4x^2-4x+1)$
$=4x^3-4x^2+x$ より
$y'=\boldsymbol{12x^2-8x+1}$

(6) $y=(x+2)^3=x^3+6x^2+12x+8$ より
$y'=\boldsymbol{3x^2+12x+12}$

299 (1) $f(x)$ を微分すると
$f'(x)=-2x+3$ であるから
$f'(2)=-2\times2+3=\boldsymbol{-1}$
$f'(-1)=-2\times(-1)+3=\boldsymbol{5}$

(2) $f(x)$ を微分すると
$f'(x)=3x^2+8x$ であるから
$f'(1)=3\times1^2+8\times1=\boldsymbol{11}$
$f'(-2)=3\times(-2)^2+8\times(-2)=\boldsymbol{-4}$

300 (1) $f(x)$ を微分すると
$f'(x)=2x+1$ であるから
$f'(a)=2a+1$
よって，$2a+1=5$ より $\boldsymbol{a=2}$

(2) $f(x)$ を微分すると
$f'(x)=3x^2+6x+4$ であるから
$f'(a)=3a^2+6a+4$
よって，$3a^2+6a+4=1$
$3a^2+6a+3=0$
$(a+1)^2=0$ より $\boldsymbol{a=-1}$

301 (1) $\dfrac{dy}{dt}=\boldsymbol{10t-3}$

(2) $\dfrac{dh}{dt}=\boldsymbol{v-gt}$

(3) $\dfrac{dS}{dr}=\boldsymbol{8\pi r}$

(4) $\dfrac{dP}{dy}=\boldsymbol{x+2y}$

302 (1) $f(2)=0$ より
$4a+2b+8=0$ ……①
$f'(x)=2ax+b$
$f'(0)=2$ より
$b=2$ ……②
①に代入して
$4a+4+8=0$
$a=-3$
よって $\boldsymbol{a=-3,\ b=2}$

(2) $f(x)=(x-a)^2=x^2-2ax+a^2$
$f'(x)=2x-2a$
$f(2)=1$ より
$4-4a+a^2=1$
$a^2-4a+3=0$
$(a-1)(a-3)=0$
$a=1,\ 3$ ……①
$f'(2)=2$ より
$4-2a=2$
$a=1$ ……②
①，②より $\boldsymbol{a=1}$

303 $f(1)=2$ より $a+b+c+1=2$
すなわち $a+b+c=1$ ……①
$f'(x)=3ax^2+2bx+c$ であるから
$f'(0)=3$ より $c=3$ ……②
$f'(1)=1$ より $3a+2b+c=1$ ……③
②を①，③に代入すると
$a+b=-2$ ……④
$3a+2b=-2$ ……⑤
⑤−④×2 より $a=2$
④より $b=-4$
よって $\boldsymbol{a=2,\ b=-4,\ c=3}$

304 $a\neq0$ として $f(x)=ax^2+bx+c$ とすると $f'(x)=2ax+b$
与えられた等式にこれらを代入すると
$ax^2+bx+c+x(2ax+b)=3x^2+2x+1$
式を整理すると
$3(a-1)x^2+2(b-1)x+c-1=0$
これは x についての恒等式であるから
$3(a-1)=0,\ 2(b-1)=0,\ c-1=0$
よって $a=1,\ b=1,\ c=1$
したがって $\boldsymbol{f(x)=x^2+x+1}$

305 $f(x)=x^2+2x$ とおくと
$f'(x)=2x+2$

(1) $f'(1)=2\times1+2=4$
よって，求める接線の方程式は
$y-3=4(x-1)$
すなわち $\boldsymbol{y=4x-1}$

(2) $f'(-1)=2\times(-1)+2=0$
よって，求める接線の方程式は

$y+1=0(x+1)$
すなわち　$\boldsymbol{y=-1}$
(3)　$f'(0)=2\times0+2=2$
よって，求める接線の方程式は
$y-0=2(x-0)$
すなわち　$\boldsymbol{y=2x}$

306　(1)　$f(x)=2x^2-4$ とおくと
$f'(x)=4x$
ゆえに　$f'(1)=4$
よって，求める接線の方程式は
$y+2=4(x-1)$
すなわち　$\boldsymbol{y=4x-6}$
(2)　$f(x)=2x^2-4x+1$ とおくと
$f'(x)=4x-4$
ゆえに　$f'(0)=-4$
よって，求める接線の方程式は
$y-1=-4(x-0)$
すなわち　$\boldsymbol{y=-4x+1}$
(3)　$f(x)=x^3-3x$ とおくと
$f'(x)=3x^2-3$
ゆえに　$f'(1)=0$
よって，求める接線の方程式は
$y+2=0(x-1)$
すなわち　$\boldsymbol{y=-2}$
(4)　$f(x)=5x-x^3$ とおくと
$f'(x)=5-3x^2$
ゆえに　$f'(2)=-7$
よって，求める接線の方程式は
$y-2=-7(x-2)$
すなわち　$\boldsymbol{y=-7x+16}$

307　(1)　$f(x)=x^3-5x^2+8x-1$ とおくと
$f'(x)=3x^2-10x+8$
$f(1)=1^3-5\times1^2+8\times1-1=3$
$f'(1)=3\times1^2-10\times1+8=1$
よって，求める接線の方程式は
$y-3=1\times(x-1)$ より　$\boldsymbol{y=x+2}$
(2)　$f(x)=-x^3+6x^2$ とおくと
$f'(x)=-3x^2+12x$
$f(1)=-1^3+6\times1^2=5$
$f'(1)=-3\times1^2+12\times1=9$
よって，求める接線の方程式は
$y-5=9(x-1)$ より　$\boldsymbol{y=9x-4}$

308　$f(x)=x^2-2x$ とおくと
$f'(x)=2x-2$
(1)　$f'(0)=2\times0-2=-2$
グラフ上の原点 (0，0) で接するから
$y-0=-2(x-0)$
すなわち　$\boldsymbol{y=-2x}$
(2)　接点の x 座標を a とおくと
$f'(a)=2a-2$ より，傾きが -4 であるから
$2a-2=-4$
$a=-1$
接点の y 座標は
$f(-1)=(-1)^2-2\times(-1)=3$
よって　$y-3=-4(x+1)$
すなわち　$\boldsymbol{y=-4x-1}$
(3)　接点の x 座標を a とおくと
$f'(a)=2a-2$ より，傾きが 0 であるから
$2a-2=0$ より　$a=1$
接点の y 座標は
$f(1)=1^2-2\times1=-1$
よって　$y+1=0(x-1)$
すなわち　$\boldsymbol{y=-1}$

309　$f(x)=-x^2+4x-3$ とおくと
$f'(x)=-2x+4$
よって，接点を $P(a,\ -a^2+4a-3)$ とすると，接線の傾きは
$f'(a)=-2a+4$
したがって，接線の方程式は
$y-(-a^2+4a-3)=(-2a+4)(x-a)$
この式を整理して
$y=(-2a+4)x+a^2-3$　……①
これが点 (3，4) を通ることから
$4=(-2a+4)\times3+a^2-3$
より　$(a-1)(a-5)=0$
よって　$a=1,\ 5$
これらを①に代入して
$a=1$ のとき $y=2x-2$
$a=5$ のとき $y=-6x+22$
したがって，求める接線の方程式は
$\boldsymbol{y=2x-2,\ y=-6x+22}$

310　$f(x)=x^3+4x^2$ とおくと
$f'(x)=3x^2+8x$
求める直線の傾きを m とおくと
$f'(-1)\times m=-1$
ここで，$f'(-1)=-5$ であるから
$-5m=-1$

ゆえに　$m=\frac{1}{5}$

よって，求める直線の方程式は

$y-3=\frac{1}{5}(x+1)$

すなわち　$\boldsymbol{y=\frac{1}{5}x+\frac{16}{5}}$

311　$f(x)=x^3-2x^2+kx+2$ とおくと

$f'(x)=3x^2-4x+k$

接点の x 座標を a とおくと

$f(a)=a^3-2a^2+ka+2$

$f'(a)=3a^2-4a+k$

よって，接線の方程式は

$y-(a^3-2a^2+ka+2)=(3a^2-4a+k)(x-a)$

これを整理すると

$y=(3a^2-4a+k)x-2a^3+2a^2+2$

これが $y=3x+2$ と一致するから

$\begin{cases} 3a^2-4a+k=3 & \cdots\cdots① \\ -2a^3+2a^2+2=2 & \cdots\cdots② \end{cases}$

②より　$-2a^3+2a^2=0$　$-2a^2(a-1)=0$

$a=0,\ 1$

$a=0$ のとき，①に代入して　$k=3$

$a=1$ のとき，①に代入して　$k=4$

したがって　$\boldsymbol{k=3,\ 4}$

312　(1)　$f'(x)=4x-24=4(x-6)$

であるから

$x<6$ のとき $f'(x)<0$

$x>6$ のとき $f'(x)>0$

よって，関数 $f(x)=2x^2-24x$ は

$\boldsymbol{x\leqq6}$ で減少し，$\boldsymbol{x\geqq6}$ で増加する。

(2)　$f'(x)=-6x-12=-6(x+2)$

であるから

$x<-2$ のとき $f'(x)>0$

$x>-2$ のとき $f'(x)<0$

よって，関数 $f(x)=-3x^2-12x+5$ は

$\boldsymbol{x\leqq-2}$ で増加し，$\boldsymbol{x\geqq-2}$ で減少する。

313　(1)　$f'(x)=3x^2-6x=3x(x-2)$

$f'(x)=0$ を解くと　$x=0,\ 2$

$f(x)$ の増減表は，次のようになる。

x	……	0	……	2	……
$f'(x)$	$+$	0	$-$	0	$+$
$f(x)$	↗	2	↘	-2	↗

よって，関数 $f(x)$ は

区間 $\boldsymbol{x\leqq0,\ 2\leqq x}$ で増加し，

区間 $\boldsymbol{0\leqq x\leqq2}$ で減少する。

(2)　$f'(x)=6x^2+6x=6x(x+1)$

$f'(x)=0$ を解くと　$x=0,\ -1$

$f(x)$ の増減表は，次のようになる。

x	……	-1	……	0	……
$f'(x)$	$+$	0	$-$	0	$+$
$f(x)$	↗	1	↘	0	↗

よって，関数 $f(x)$ は

区間 $\boldsymbol{x\leqq-1,\ 0\leqq x}$ で増加し，

区間 $\boldsymbol{-1\leqq x\leqq0}$ で減少する。

(3)　$f'(x)=-3x^2+3=-3(x+1)(x-1)$

$f'(x)=0$ を解くと　$x=-1,\ 1$

$f(x)$ の増減表は，次のようになる。

x	……	-1	……	1	……
$f'(x)$	$-$	0	$+$	0	$-$
$f(x)$	↘	-3	↗	1	↘

よって，関数 $f(x)$ は

区間 $\boldsymbol{-1\leqq x\leqq1}$ で増加し，

区間 $\boldsymbol{x\leqq-1,\ 1\leqq x}$ で減少する。

(4)　$f'(x)=6x^2-18x+12$

$=6(x-1)(x-2)$

$f'(x)=0$ を解くと　$x=1,\ 2$

$f(x)$ の増減表は，次のようになる。

x	……	1	……	2	……
$f'(x)$	$+$	0	$-$	0	$+$
$f(x)$	↗	1	↘	0	↗

よって，関数 $f(x)$ は

区間 $\boldsymbol{x\leqq1,\ 2\leqq x}$ で増加し，

区間 $\boldsymbol{1\leqq x\leqq2}$ で減少する。

314　(1)　$y'=3x^2-3=3(x+1)(x-1)$

$y'=0$ を解くと　$x=-1,\ 1$

y の増減表は，次のようになる。

x	……	-1	……	1	……
y'	$+$	0	$-$	0	$+$
y	↗	極大 4	↘	極小 0	↗

よって，y は

$x=-1$ で **極大値 4** をとり，

$x=1$ で　**極小値 0** をとる。

また，この関数のグラフは次のようになる。

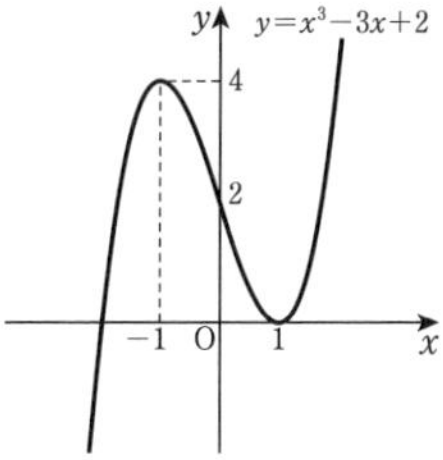

(2) $y'=6x^2-24x+18=6(x-1)(x-3)$

$y'=0$ を解くと　$x=1,\ 3$

y の増減表は，次のようになる。

x	……	1	……	3	……
y'	$+$	0	$-$	0	$+$
y	↗	極大 6	↘	極小 -2	↗

よって，y は

$x=1$ で **極大値 6**　をとり，

$x=3$ で **極小値 -2** をとる。

また，この関数のグラフは次のようになる。

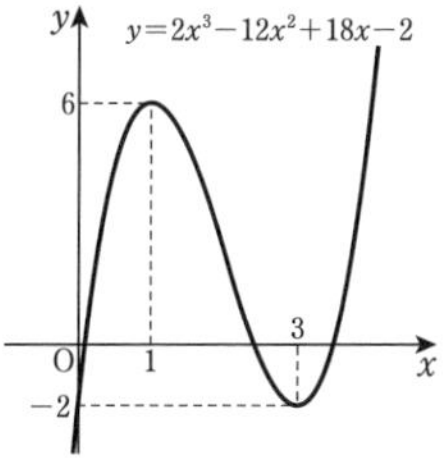

(3) $y'=-3x^2+6x+9=-3(x+1)(x-3)$

$y'=0$ を解くと　$x=-1,\ 3$

y の増減表は，次のようになる。

x	……	-1	……	3	……
y'	$-$	0	$+$	0	$-$
y	↘	極小 -5	↗	極大 27	↘

よって，y は

$x=-1$ で **極小値 -5** をとり，

$x=3$ で　**極大値 27**　をとる。

また，この関数のグラフは次のようになる。

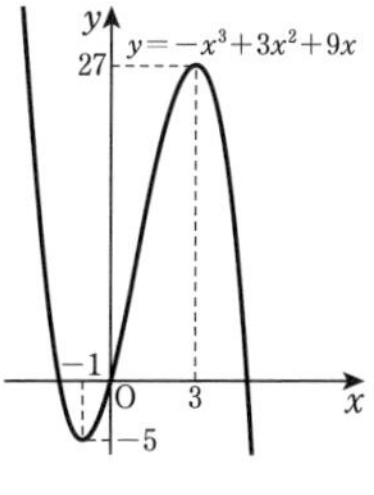

315 (1) $f'(x)=3x^2+2>0$

よって，$f(x)$ はつねに増加し，極値をもたない。

(2) $f'(x)=-3x^2-3=-3(x^2+1)<0$

よって，$f(x)$ はつねに減少し，極値をもたない。

316 (1) $y'=-6x^2+6x+12$

$=-6(x+1)(x-2)$

$y'=0$ を解くと　$x=-1,\ 2$

区間 $-2\leqq x\leqq 3$ における y の増減表は，次のようになる。

x	-2	……	-1	……	2	……	3
y'	／	$-$	0	$+$	0	$-$	／
y	0	↘	極小 -11	↗	極大 16	↘	5

よって，y は

$x=2$　のとき 最大値 16　をとり，

$x=-1$ のとき 最小値 -11 をとる。

(2) $y'=3x^2-6x=3x(x-2)$

$y'=0$ を解くと　$x=0,\ 2$

区間 $-2\leqq x\leqq 1$ における y の増減表は，次のようになる。

x	-2	……	0	……	1
y'	／	$+$	0	$-$	／
y	-18	↗	極大 2	↘	0

よって，y は

$x=0$　のとき 最大値 2　をとり，

$x=-2$ のとき 最小値 -18 をとる。

(3) $y'=-3x^2+12=-3(x+2)(x-2)$

$y'=0$ を解くと　$x=-2,\ 2$

区間 $-1\leqq x\leqq 3$ における y の増減表は，次のようになる。

x	-1	……	2	……	3
y'	／	$+$	0	$-$	／
y	-6	↗	極大 21	↘	14

よって，y は

$x=2$　のとき 最大値 21　をとり，

$x=-1$ のとき 最小値 -6 をとる。

(4) $y'=3x^2-3=3(x+1)(x-1)$

$y'=0$ を解くと　$x=-1,\ 1$

区間 $-3\leqq x\leqq 2$ における y の増減表は，次のようになる。

x	-3	……	-1	……	1	……	2
y'	／	$+$	0	$-$	0	$+$	／
y	-18	↗	極大 2	↘	極小 -2	↗	2

よって，y は

$x=-1,\ 2$ のとき 最大値 2 をとり，

$x=-3$ のとき 最小値 -18 をとる。

317 $f'(x)=6x^2+2ax-12$

$f(x)$ が $x=1$ で極小値 -6 をとるとき

$f'(1)=0,\ f(1)=-6$

ゆえに　$6+2a-12=0,\ 2+a-12+b=-6$

これを解くと　$a=3,\ b=1$

よって　$f(x)=2x^3+3x^2-12x+1$

このとき　$f'(x)=6x^2+6x-12=6(x-1)(x+2)$

$f'(x)=0$ を解くと　$x=-2,\ 1$

$f(x)$ の増減表は次のようになる。

x	……	-2	…	1	……
$f'(x)$	$+$	0	$-$	0	$+$
$f(x)$	↗	極大 21	↘	極小 -6	↗

増減表から，$f(x)$ は $x=1$ で確かに極小値 -6 をとる。

したがって　**$a=3,\ b=1$**

また，**$x=-2$ のとき極大値 21** をとる。

318 $y'=3x^2-10x+3=(3x-1)(x-3)$

$y'=0$ を解くと　$x=\dfrac{1}{3},\ 3$

区間 $1\leqq x\leqq 4$ における y の増減表は，次のようになる。

x	1	……	3	……	4
y'	／	$-$	0	$+$	／
y	$a-1$	↘	極小 $a-9$	↗	$a-4$

ゆえに，$1\leqq x\leqq 4$ における y の最大値は $a-1$

よって，$a-1=1$ より **$a=2$**

319 (1) $y'=3x^2-12x+9$

$=3(x-1)(x-3)$

$y'=0$ を解くと　$x=1,\ 3$

区間 $-1\leqq x\leqq 2$ における y の増減表は，次のようになる。

x	-1	……	1	……	2
y'	／	$+$	0	$-$	／
y	$k-16$	↗	極大 $k+4$	↘	$k+2$

$-1\leqq x\leqq 2$ における y の最小値は $k-16$ であるから

$k-16=-20$ より　**$k=-4$**

(2) $-1\leqq x\leqq 2$ における y の最大値は $k+4$ であるから

最大値は　$-4+4=\mathbf{0}$

320 $x+y=12$ より　$y=12-x$

$x>0,\ y>0$ より　$x>0,\ 12-x>0$

であるから　$0<x<12$

$$V=\pi\times\left(\frac{x}{2}\right)^2\times y=\pi\times\left(\frac{x}{2}\right)^2(12-x)$$

$$=\frac{\pi}{4}(-x^3+12x^2)$$

ゆえに

$$V'=\frac{\pi}{4}(-3x^2+24x)=-\frac{3\pi}{4}x(x-8)$$

$V'=0$ を解くと　$x=0,\ 8$

よって，区間 $0<x<12$ における V の増減表は，次のようになる。

x	0	……	8	……	12
V'	／	$+$	0	$-$	／
V	／	↗	極大 64π	↘	／

したがって，V は **$x=8,\ y=4$ のとき**

最大値 64π (cm^3)

321 $y'=x^3-6x^2+8x=x(x-2)(x-4)$

$y'=0$ を解くと　$x=0,\ 2,\ 4$

y の増減表は，次のようになる。

x	……	0	……	2	……	4	……
y'	$-$	0	$+$	0	$-$	0	$+$
y	↘	極小 0	↗	極大 4	↘	極小 0	↗

極値は，**$x=0,\ 4$ のとき　極小値 0**

$x=2$ のとき　極大値 4

をとる。

また，グラフは次のようになる。

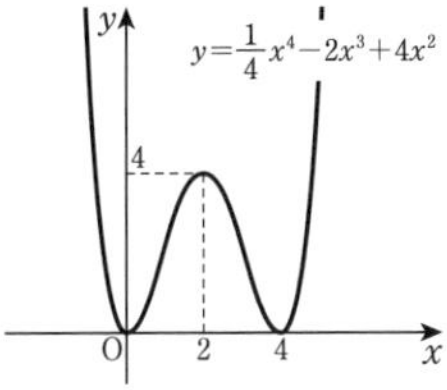

322 $y'=3x^2+6ax-a$

$y'=0$ が2つの異なる実数解をもたなければよいから，$y'=0$ の判別式を D とすると　$D \leqq 0$

$D=(6a)^2-4\times3\times(-a)\leqq0$

$36a^2+12a\leqq0$

$12a(3a+1)\leqq0$

$\boldsymbol{-\frac{1}{3}\leqq a\leqq0}$

323 (1) $y=x^3-3x+5$ とおくと

$y'=3x^2-3=3(x+1)(x-1)$

$y'=0$ を解くと　$x=-1,\ 1$

y の増減表は，次のようになる。

x	……	-1	……	1	……
y'	$+$	0	$-$	0	$+$
y	↗	極大 7	↘	極小 3	↗

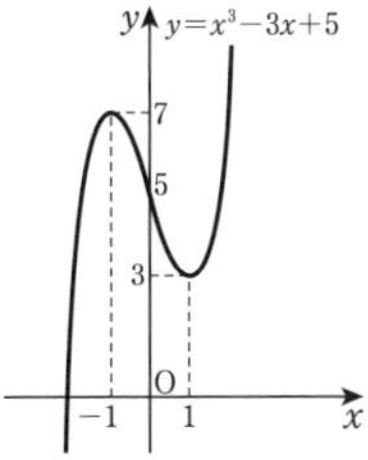

ゆえに，この関数のグラフは上の図のようになり，グラフと x 軸は1点で交わる。

よって，与えられた方程式の異なる実数解の個数は **1個**

(2) $y=x^3+3x^2-4$ とおくと

$y'=3x^2+6x=3x(x+2)$

$y'=0$ を解くと　$x=-2,\ 0$

y の増減表は，次のようになる。

x	……	-2	……	0	……
y'	$+$	0	$-$	0	$+$
y	↗	極大 0	↘	極小 -4	↗

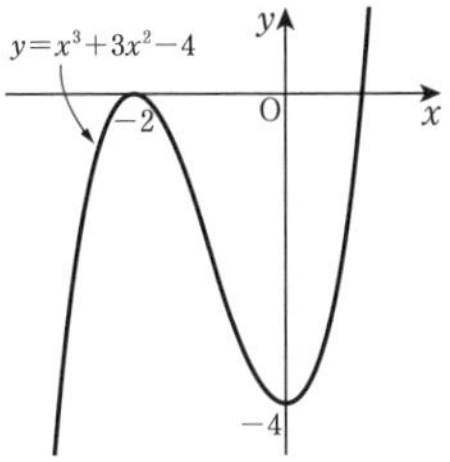

ゆえに，この関数のグラフは上の図のようになり，グラフと x 軸の共有点は2個である。

よって，与えられた方程式の異なる実数解の個数は **2個**

(3) $y=2x^3-3x^2-12x-3$ とおくと

$y'=6x^2-6x-12=6(x+1)(x-2)$

$y'=0$ を解くと　$x=-1,\ 2$

y の増減表は，次のようになる。

x	……	-1	……	2	……
y'	$+$	0	$-$	0	$+$
y	↗	極大 4	↘	極小 -23	↗

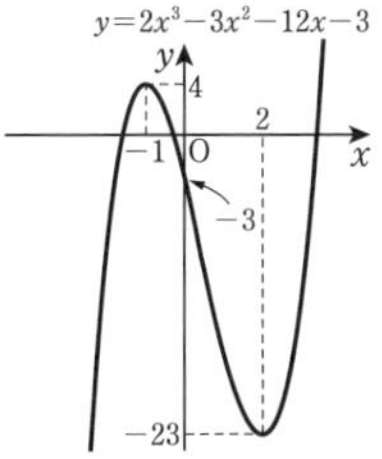

ゆえに，この関数のグラフは上の図のようになり，グラフと x 軸は異なる3点で交わる。

よって，与えられた方程式の異なる実数解の個数は **3個**

(4) $y=x^3+3x^2-9x-2$ とおくと

$y'=3x^2+6x-9=3(x-1)(x+3)$

$y'=0$ を解くと　$x=-3,\ 1$

y の増減表は，次のようになる。

x	……	-3	……	1	……
y'	$+$	0	$-$	0	$+$
y	↗	極大 25	↘	極小 -7	↗

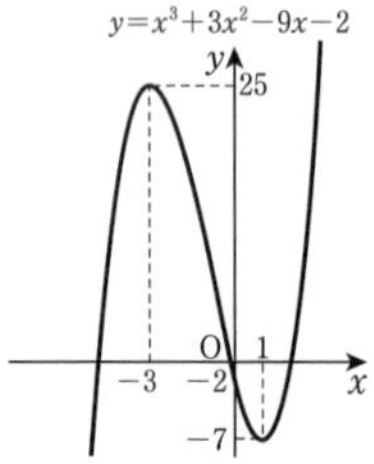

ゆえに，この関数のグラフは上の図のようになり，グラフと x 軸は異なる 3 点で交わる。
よって，与えられた方程式の異なる実数解の個数は **3 個**

324 $2x^3+3x^2+1-a=0$ より
$2x^3+3x^2+1=a$
$f(x)=2x^3+3x^2+1$ とおくと
$f'(x)=6x^2+6x=6x(x+1)$
$f'(x)=0$ を解くと　$x=-1,\ 0$
$f(x)$ の増減表は，次のようになる。

x	……	-1	……	0	……
$f'(x)$	$+$	0	$-$	0	$+$
$f(x)$	↗	極大 2	↘	極小 1	↗

ゆえに，$y=f(x)$ のグラフは次のようになる。

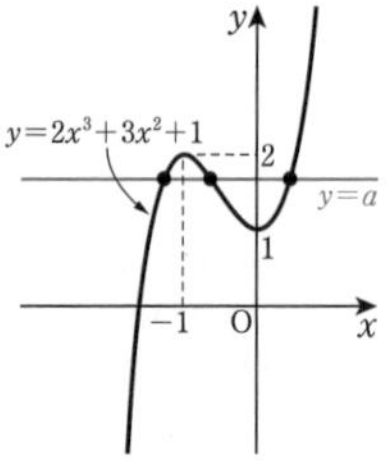

3 次方程式 $2x^3+3x^2+1-a=0$ の異なる実数解の個数は，$y=f(x)$ のグラフと直線 $y=a$ の共有点の個数に一致する。
よって，$\boldsymbol{a<1,\ 2<a}$ **のとき　1 個**
$\boldsymbol{a=1,\ 2}$ **のとき　2 個**
$\boldsymbol{1<a<2}$ **のとき　3 個**

325 $x^3-6x+a=0$ より $-x^3+6x=a$
$f(x)=-x^3+6x$ とおくと
$f'(x)=-3x^2+6=-3(x+\sqrt{2})(x-\sqrt{2})$
$f'(x)=0$ を解くと　$x=-\sqrt{2},\ \sqrt{2}$
$f(x)$ の増減表は，次のようになる。

x	……	$-\sqrt{2}$	……	$\sqrt{2}$	……
$f'(x)$	$-$	0	$+$	0	$-$
$f(x)$	↘	極小 $-4\sqrt{2}$	↗	極大 $4\sqrt{2}$	↘

ゆえに，$y=f(x)$ のグラフは次のようになる。

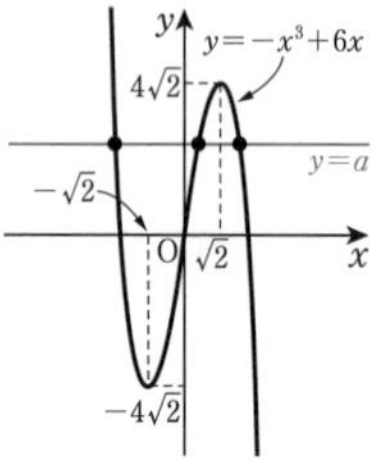

$x^3-6x+a=0$ の異なる実数解の個数は
$y=f(x)$ のグラフと直線 $y=a$ の共有点の個数に一致する。
よって，$x^3-6x+a=0$ が異なる 3 つの実数解をもつ a の値の範囲は
$\boldsymbol{-4\sqrt{2}<a<4\sqrt{2}}$

326 $f(x)=x^3+4-3x^2$ とおくと
$f'(x)=3x^2-6x=3x(x-2)$
$f'(x)=0$ を解くと　$x=0,\ 2$
区間 $x\geqq 0$ における $f(x)$ の増減表は，次のようになる。

x	0	……	2	……
$f'(x)$	0	$-$	0	$+$
$f(x)$	4	↘	極小 0	↗

ゆえに，$x\geqq 0$ において，$f(x)$ は $x=2$ で最小値 0 をとる。
よって，$x\geqq 0$ のとき　$f(x)\geqq 0$ であるから
$x^3+4-3x^2\geqq 0$
すなわち　$x^3+4\geqq 3x^2$
等号が成り立つのは $x=2$ のときである。

327 $f(x)=2x^3+5-6x$ とおくと
$f'(x)=6x^2-6=6(x^2-1)=6(x+1)(x-1)$
$f'(x)=0$ を解くと　$x=-1,\ 1$
区間 $x\geqq 1$ における $f(x)$ の増減表は，次のようになる。

x	1	……
$f'(x)$	0	$+$
$f(x)$	1	↗

よって，$x \geqq 1$ のとき　$f(x)>0$ であるから

$2x^3+5-6x>0$

すなわち　$2x^3+5>6x$

328　$f(x)=x^3-3a^2x+16$ とおくと

$f'(x)=3x^2-3a^2=3(x+a)(x-a)$

$f'(x)=0$ を解くと　$x=-a,\ a$

$a>0$ より，区間 $x \geqq 0$ における $f(x)$ の増減表は，次のようになる。

x	0	……	a	……
$f'(x)$		$-$	0	$+$
$f(x)$	16	↘	極小 $-2a^3+16$	↗

不等式が成り立つには $-2a^3+16 \geqq 0$ であればよい。

$a^3-8 \leqq 0$　すなわち　$(a-2)(a^2+2a+4) \leqq 0$

ここで，$a>0$ から

$a^2+2a+4>0$

ゆえに　$a \leqq 2$

したがって，$a>0$ より

$\boldsymbol{0<a \leqq 2}$

329　$f(x)=\dfrac{1}{3}x^3-b^2x+b$ とおくと，方程式 $f(x)=0$ の異なる実数解の個数は，$y=f(x)$ のグラフと x 軸の共有点の個数に一致する。

$f'(x)=x^2-b^2=(x+b)(x-b)$　より

(i)　$b=0$ のとき　$f'(x)=x^2 \geqq 0$ より，グラフと x 軸の共有点は 1 個である。

(ii)　$b>0$ のとき

$f(-b)$ が極大値，$f(b)$ が極小値

$b<0$ のとき

$f(b)$ が極大値，$f(-b)$ が極小値

よって，$f(b)\cdot f(-b)<0$ となるとき，グラフと x 軸の共有点は 3 個になる。すなわち

$f(b)\cdot f(-b)<0$

$\left(\dfrac{1}{3}b^3-b^3+b\right)\left(-\dfrac{1}{3}b^3+b^3+b\right)<0$

$\left(-\dfrac{2}{3}b^3+b\right)\left(\dfrac{2}{3}b^3+b\right)<0$

$-b^2\left(\dfrac{2}{3}b^2-1\right)\left(\dfrac{2}{3}b^2+1\right)<0$

$b^2\left(\dfrac{2}{3}b^2-1\right)\left(\dfrac{2}{3}b^2+1\right)>0$

ここで，$b^2>0$，$\dfrac{2}{3}b^2+1>0$ より

$\dfrac{2}{3}b^2-1>0$

$\left(\sqrt{\dfrac{2}{3}}b+1\right)\left(\sqrt{\dfrac{2}{3}}b-1\right)>0$

すなわち　$b<-\sqrt{\dfrac{3}{2}}$，$\sqrt{\dfrac{3}{2}}<b$

よって，求める値の範囲は

$\boldsymbol{b<-\dfrac{\sqrt{6}}{2},\ \dfrac{\sqrt{6}}{2}<b}$

330　$2x^3-3x^2-36x-a=0$ より

$2x^3-3x^2-36x=a$

$f(x)=2x^3-3x^2-36x$ とおくと

$f'(x)=6x^2-6x-36=6(x+2)(x-3)$

$f'(x)=0$ を解くと　$x=-2,\ 3$

$f(x)$ の増減表は，次のようになる。

x	……	-2	……	3	……
$f'(x)$	$+$	0	$-$	0	$+$
$f(x)$	↗	極大 44	↘	極小 -81	↗

ゆえに，$y=f(x)$ のグラフは次のようになる。

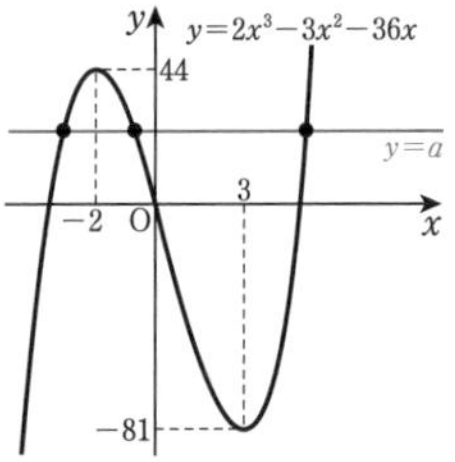

$y=f(x)$ のグラフと直線 $y=a$ との共有点の x 座標と $2x^3-3x^2-36x-a=0$ の解は一致するから，1 つの正の解と異なる 2 つの負の解をもつ a の範囲は　$\boldsymbol{0<a<44}$

331　(1)　$\displaystyle\int(-2)dx=\boldsymbol{-2x+C}$

(2)　$\displaystyle\int 2x\,dx=\boldsymbol{x^2+C}$

(3)　$\displaystyle 3\int x^2dx+\int x\,dx=\boldsymbol{x^3+\frac{1}{2}x^2+C}$

(4)　$\displaystyle 2\int x^2dx-3\int dx=\boldsymbol{\frac{2}{3}x^3-3x+C}$

(5)　$\displaystyle\int(2x-1)dx=2\int x\,dx-\int dx$

$=\boldsymbol{x^2-x+C}$

(6)　$\displaystyle\int 3(x-1)dx=3\int x\,dx-3\int dx$

$=\frac{3}{2}x^2-3x+C$

(7) $\int(x^2+3x)dx=\int x^2dx+3\int x\,dx$

$=\frac{1}{3}x^3+\frac{3}{2}x^2+C$

(8) $\int 2(-x^2+3x-2)dx=-2\int x^2+6\int x-4\int dx$

$=-\frac{2}{3}x^3+3x^2-4x+C$

(9) $\int(1-x-x^2)dx=\int dx-\int x\,dx-\int x^2dx$

$=x-\frac{1}{2}x^2-\frac{1}{3}x^3+C$

(10) $\int\left(3x^2-\frac{2}{3}x+1\right)dx=3\int x^2dx-\frac{2}{3}\int x\,dx+\int dx$

$=x^3-\frac{1}{3}x^2+x+C$

332

(1) $\int(x-2)(x+1)dx$

$=\int(x^2-x-2)dx$

$=\frac{1}{3}x^3-\frac{1}{2}x^2-2x+C$

(2) $\int x(3x-1)dx=\int(3x^2-x)dx$

$=x^3-\frac{1}{2}x^2+C$

(3) $\int(x+1)^2dx=\int(x^2+2x+1)dx$

$=\frac{1}{3}x^3+x^2+x+C$

(4) $\int(2x+1)(3x-2)dx=\int(6x^2-x-2)dx$

$=2x^3-\frac{1}{2}x^2-2x+C$

333

(1) $F(x)=\int(4x+2)dx$

$=2x^2+2x+C$

よって　$F(0)=2\times0^2+2\times0+C=C$

ここで，$F(0)=1$ であるから，$C=1$

したがって，求める関数は

$F(x)=2x^2+2x+1$

(2) $F(x)=\int(-3x^2+2x-1)dx$

$=-x^3+x^2-x+C$

よって　$F(1)=-1^3+1^2-1+C=-1+C$

ここで，$F(1)=-1$ であるから，$-1+C=-1$

より　$C=0$

したがって，求める関数は

$F(x)=-x^3+x^2-x$

334

(1) $\int(t-2)dt=\frac{1}{2}t^2-2t+C$

(2) $\int(9t^2-2t)dt=3t^3-t^2+C$

(3) $\int(3y^2-2y-1)dy=y^3-y^2-y+C$

(4) $\int(-9u^2-5u+2)du=-3u^3-\frac{5}{2}u^2+2u+C$

335

$f(x)=\int(3x^2-4)dx=x^3-4x+C$

$y=f(x)$ のグラフが点 $(1,\ 0)$ を通るから

$f(1)=0$ より

$f(1)=1^3-4\times1+C=0$

ゆえに　$C=3$

よって　$f(x)=x^3-4x+3$

336

$f(x)=\int(3x+2)(x+1)dx$

$=\int(3x^2+5x+2)dx$

$=x^3+\frac{5}{2}x^2+2x+C$

極値をとるから　$f'(x)=0$ を解くと

$(3x+2)(x+1)=0$

より　$x=-\frac{2}{3},\ -1$

$f(x)$ の増減表は，次のようになる。

x	……	-1	……	$-\frac{2}{3}$	……
$f'(x)$	$+$	0	$-$	0	$+$
$f(x)$	↗	極大 $-\frac{1}{2}+C$	↘	極小 $-\frac{14}{27}+C$	↗

$x=-1$ のとき極大値 1 をとるから

$-\frac{1}{2}+C=1$ より　$C=\frac{3}{2}$

よって

$f(x)=x^3+\frac{5}{2}x^2+2x+\frac{3}{2}$

337

(1) $\int_{-1}^{2}3x^2dx=\left[x^3\right]_{-1}^{2}=2^3-(-1)^3=9$

(2) $\int_{-2}^{2}2x\,dx=\left[x^2\right]_{-2}^{2}=2^2-(-2)^2=0$

(3) $\int_{-1}^{3}3\,dx=\left[3x\right]_{-1}^{3}=3\times3-3\times(-1)=12$

338 (1) $\int_{-1}^{2}(4x+1)\,dx$

$=\Big[2x^2+x\Big]_{-1}^{2}$

$=(2\times2^2+2)-\{2\times(-1)^2+(-1)\}$

$=\mathbf{9}$

(2) $\int_{-1}^{1}(x^2-2x-3)\,dx$

$=\left[\frac{1}{3}x^3-x^2-3x\right]_{-1}^{1}$

$=\left(\frac{1}{3}\times1^3-1^2-3\times1\right)$

$\quad-\left\{\frac{1}{3}\times(-1)^3-(-1)^2-3\times(-1)\right\}$

$=\mathbf{-\frac{16}{3}}$

(3) $\int_{0}^{3}(3x^2-6x+7)\,dx$

$=\Big[x^3-3x^2+7x\Big]_{0}^{3}$

$=(3^3-3\times3^2+7\times3)-0$

$=\mathbf{21}$

(4) $\int_{1}^{4}(x-2)^2\,dx$

$=\int_{1}^{4}(x^2-4x+4)\,dx$

$=\left[\frac{1}{3}x^3-2x^2+4x\right]_{1}^{4}$

$=\left(\frac{1}{3}\times4^3-2\times4^2+4\times4\right)-\left(\frac{1}{3}\times1^3-2\times1^2+4\times1\right)$

$=\mathbf{3}$

(5) $\int_{1}^{4}(x-2)(x-4)\,dx$

$=\int_{1}^{4}(x^2-6x+8)\,dx$

$=\left[\frac{1}{3}x^3-3x^2+8x\right]_{1}^{4}$

$=\left(\frac{1}{3}\times4^3-3\times4^2+8\times4\right)-\left(\frac{1}{3}\times1^3-3\times1^2+8\times1\right)$

$=\mathbf{0}$

339 (1) $\int_{1}^{2}(3x^2-2x+5)dx$

$=3\int_{1}^{2}x^2\,dx-2\int_{1}^{2}x\,dx+5\int_{1}^{2}dx$

$=3\left[\frac{1}{3}x^3\right]_{1}^{2}-2\left[\frac{1}{2}x^2\right]_{1}^{2}+5\Big[x\Big]_{1}^{2}$

$=3\times\left(\frac{8}{3}-\frac{1}{3}\right)-2\times\left(\frac{4}{2}-\frac{1}{2}\right)+5\times(2-1)$

$=3\times\frac{7}{3}-2\times\frac{3}{2}+5=7-3+5=\mathbf{9}$

(2) $\int_{-2}^{1}(-x^2+4x-2)\,dx$

$=-\int_{-2}^{1}x^2\,dx+4\int_{-2}^{1}x\,dx-2\int_{-2}^{1}dx$

$=-\left[\frac{1}{3}x^3\right]_{-2}^{1}+4\left[\frac{1}{2}x^2\right]_{-2}^{1}-2\Big[x\Big]_{-2}^{1}$

$=-\left(\frac{1}{3}+\frac{8}{3}\right)+4\times\left(\frac{1}{2}-\frac{4}{2}\right)-2\times(1+2)$

$=-\frac{9}{3}+4\times\left(-\frac{3}{2}\right)-2\times3$

$=-3-6-6=\mathbf{-15}$

340 (1) $\int_{0}^{2}(3x+1)\,dx-\int_{0}^{2}(3x-1)\,dx$

$=\int_{0}^{2}\{(3x+1)-(3x-1)\}\,dx$

$=\int_{0}^{2}2\,dx=2\Big[x\Big]_{0}^{2}=2\times2=\mathbf{4}$

(2) $\int_{0}^{1}(2x^2-5x+3)\,dx-\int_{0}^{1}(2x^2+5x+3)\,dx$

$=\int_{0}^{1}\{(2x^2-5x+3)-(2x^2+5x+3)\}\,dx$

$=\int_{0}^{1}(-10x)\,dx$

$=-10\left[\frac{1}{2}x^2\right]_{0}^{1}=-5\times1=\mathbf{-5}$

(3) $\int_{1}^{3}(3x+5)^2\,dx-\int_{1}^{3}(3x-5)^2\,dx$

$=\int_{1}^{3}\{(3x+5)^2-(3x-5)^2\}\,dx$

$=\int_{1}^{3}60x\,dx$

$=60\left[\frac{1}{2}x^2\right]_{1}^{3}=30\times(9-1)=\mathbf{240}$

(4) $\int_{0}^{4}(4x^2-x+2)dx-\int_{0}^{4}(4x^2+x+3)dx$

$=\int_{0}^{4}\{(4x^2-x+2)-(4x^2+x+3)\}\,dx$

$=\int_{0}^{4}(-2x-1)dx$

$=\Big[-x^2-x\Big]_{0}^{4}=-16-4=\mathbf{-20}$

341 (1) $\int_{1}^{1}(4x^2+x-3)\,dx=\mathbf{0}$

(2) $\int_{-1}^{0}(x^2+1)\,dx+\int_{0}^{2}(x^2+1)\,dx$

$=\int_{-1}^{2}(x^2+1)dx$

$=\left[\frac{1}{3}x^3+x\right]_{-1}^{2}$

$=\left(\frac{8}{3}+2\right)-\left\{\frac{1}{3}\times(-1)^3+(-1)\right\}=\mathbf{6}$

(3) $\int_0^1 (x^2-x+1)\,dx+\int_1^2 (x^2-x+1)\,dx$

$=\int_0^2 (x^2-x+1)\,dx$

$=\left[\frac{1}{3}x^3-\frac{1}{2}x^2+x\right]_0^2$

$=\left(\frac{1}{3}\times 2^3-\frac{1}{2}\times 2^2+2\right)-0=\boldsymbol{\frac{8}{3}}$

(4) $\int_{-3}^{-1} (x^2+2x)\,dx-\int_1^{-1} (x^2+2x)\,dx$

$=\int_{-3}^{-1} (x^2+2x)\,dx+\int_{-1}^{1} (x^2+2x)\,dx$

$=\int_{-3}^{1} (x^2+2x)\,dx$

$=\left[\frac{1}{3}x^3+x^2\right]_{-3}^{1}$

$=\left(\frac{1}{3}\times 1^3+1^2\right)-\left\{\frac{1}{3}\times(-3)^3+(-3)^2\right\}=\boldsymbol{\frac{4}{3}}$

342 (1) $\int_{-1}^{2} (3t^2-2t)\,dt$

$=\left[t^3-t^2\right]_{-1}^{2}$

$=(2^3-2^2)-\{(-1)^3-(-1)^2\}=\mathbf{6}$

(2) $\int_{-2}^{0} (4-2s^2)\,ds$

$=\left[4s-\frac{2}{3}s^3\right]_{-2}^{0}$

$=0-\left\{4\times(-2)-\frac{2}{3}\times(-2)^3\right\}=\boldsymbol{\frac{8}{3}}$

(3) $\int_{-a}^{a} (3y^2+4y-1)\,dy$

$=\left[y^3+2y^2-y\right]_{-a}^{a}=\boldsymbol{2a^3-2a}$

343 (1) $\frac{d}{dx}\int_2^x (t^2+3t+1)\,dt$

$=\boldsymbol{x^2+3x+1}$

(2) $\frac{d}{dx}\int_x^{-1} (2t-1)^2\,dt$

$=\frac{d}{dx}\left\{-\int_{-1}^{x} (2t-1)^2\,dt\right\}$

$=-\frac{d}{dx}\int_{-1}^{x} (2t-1)^2\,dt$

$=\boldsymbol{-(2x-1)^2}$

344 (1) 等式の両辺の関数を x で微分すると

$\boldsymbol{f(x)=2x-3}$

また，与えられた等式に $x=1$ を代入すると

$\int_1^1 f(t)\,dt=1^2-3\times 1-a$

より　$0=-2-a$

よって　$\boldsymbol{a=-2}$

(2) 等式の両辺の関数を x で微分すると

$\boldsymbol{f(x)=4x+3}$

また，与えられた等式に $x=a$ を代入すると

$\int_a^a f(t)\,dt=2a^2+3a-5$

より　$0=2a^2+3a-5$

これを解くと　$(a-1)(2a+5)=0$

より　$\boldsymbol{a=1,\ -\frac{5}{2}}$

345 (1) $\int_0^3 f(t)\,dt$ は定数であるから，

$\int_0^3 f(t)\,dt=a$ とおくと

$f(x)=x+a$

よって

$\int_0^3 (t+a)dt=a$

$\left[\frac{1}{2}t^2+at\right]_0^3=a$

$\frac{1}{2}\times 3^2+3a-0=a$

$\frac{9}{2}+3a=a$

$a=-\frac{9}{4}$

したがって　$\boldsymbol{f(x)=x-\frac{9}{4}}$

(2) $\int_0^2 f(t)\,dt$ は定数であるから，

$\int_0^2 f(t)\,dt=a$ とおくと

$f(x)=3x^2-2x+a$

よって

$\int_0^2 (3t^2-2t+a)dt=a$

$\left[t^3-t^2+at\right]_0^2=a$

$2^3-2^2+a\times 2-0=a$

$8-4+2a=a$

$a=-4$

したがって　$\boldsymbol{f(x)=3x^2-2x-4}$

346 $f'(x)=x^2-4x+3$

$=(x-1)(x-3)$

$f'(x)=0$ を解くと　$x=1,\ 3$

$f(1)=\int_0^1 (t^2-4t+3)\,dt$

$$=\left[\frac{1}{3}t^3-2t^2+3t\right]_0^1$$
$$=\frac{1}{3}\times1^3-2\times1^2+3\times1-0=\frac{4}{3}$$
$$f(3)=\int_0^3(t^2-4t+3)\,dt$$
$$=\left[\frac{1}{3}t^3-2t^2+3t\right]_0^3$$
$$=\frac{1}{3}\times3^3-2\times3^2+3\times3-0=0$$

よって，$f(x)$ の増減表は，次のようになる。

x	……	1	……	3	……
$f'(x)$	＋	0	−	0	＋
$f(x)$	↗	極大 $\frac{4}{3}$	↘	極小 0	↗

したがって，関数 $f(x)$ は

$x=1$ で，極大値 $\frac{4}{3}$ をとり，

$x=3$ で，極小値 0 をとる。

347 (1) $\int_1^2(x-1)(x-2)\,dx=-\frac{1}{6}(2-1)^3$
$$=-\frac{1}{6}$$

(2) $\int_{-1}^4(x+1)(x-4)\,dx=-\frac{1}{6}\{4-(-1)\}^3$
$$=-\frac{125}{6}$$

(3) $\int_{2-\sqrt{3}}^{2+\sqrt{3}}(x-2+\sqrt{3})(x-2-\sqrt{3})\,dx$
$$=-\frac{1}{6}\{(2+\sqrt{3})-(2-\sqrt{3})\}^3=-4\sqrt{3}$$

(4) $\int_{-\frac{2}{3}}^1(3x+2)(x-1)\,dx$
$$=3\int_{-\frac{2}{3}}^1\left(x+\frac{2}{3}\right)(x-1)\,dx$$
$$=3\times\left[-\frac{1}{6}\left\{1-\left(-\frac{2}{3}\right)\right\}^3\right]=-\frac{125}{54}$$

348 (1) 求める面積 S は，右の図の斜線部分の面積。

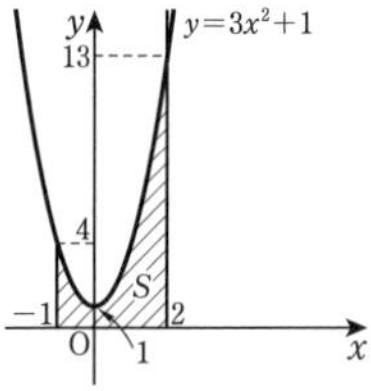

$$S=\int_{-1}^2(3x^2+1)\,dx$$
$$=\left[x^3+x\right]_{-1}^2$$
$$=(2^3+2)-\{(-1)^3+(-1)\}$$
$$=12$$

(2) 求める面積 S は，右の図の斜線部分の面積。

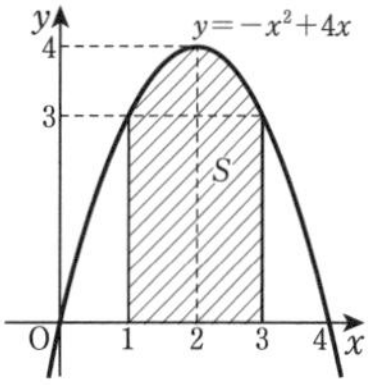

$$S=\int_1^3(-x^2+4x)\,dx$$
$$=\left[-\frac{1}{3}x^3+2x^2\right]_1^3$$
$$=\left(-\frac{1}{3}\times3^3+2\times3^2\right)$$
$$-\left(-\frac{1}{3}\times1^3+2\times1^2\right)$$
$$=\frac{22}{3}$$

(3) 求める面積 S は，右の図の斜線部分の面積。

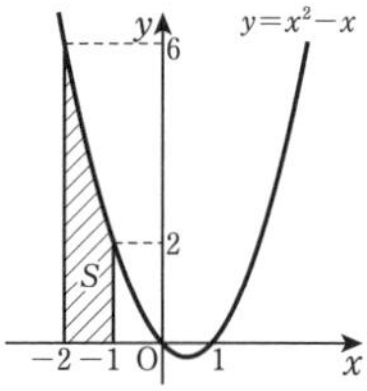

$$S=\int_{-2}^{-1}(x^2-x)\,dx$$
$$=\left[\frac{1}{3}x^3-\frac{1}{2}x^2\right]_{-2}^{-1}$$
$$=\left\{\frac{1}{3}\times(-1)^3-\frac{1}{2}\times(-1)^2\right\}$$
$$-\left\{\frac{1}{3}\times(-2)^3-\frac{1}{2}\times(-2)^2\right\}$$
$$=\frac{23}{6}$$

349 (1) 放物線 $y=x^2-3x$ と x 軸の共有点の x 座標は $x^2-3x=0$ より

$x(x-3)=0$

$x=0,\ 3$

よって，求める面積 S は

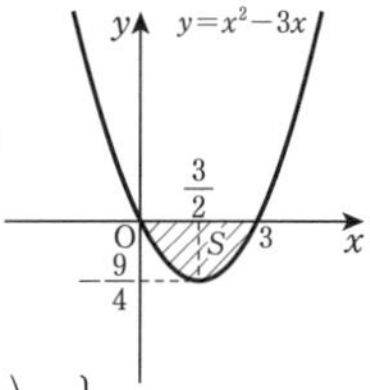

$$S=-\int_0^3(x^2-3x)\,dx$$
$$=-\left[\frac{1}{3}x^3-\frac{3}{2}x^2\right]_0^3$$
$$=-\left\{\left(\frac{1}{3}\times3^3-\frac{3}{2}\times3^2\right)-0\right\}$$
$$=\frac{9}{2}$$

(2) 放物線 $y=\frac{1}{2}x^2+2x$ と x 軸の共有点の x 座標は $\frac{1}{2}x^2+2x=0$ より

$\frac{1}{2}x(x+4)=0$

$x=0,\ -4$

よって，求める面積 S は

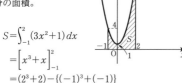

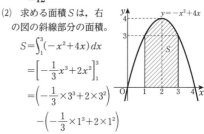

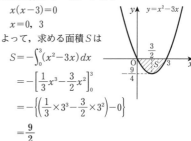

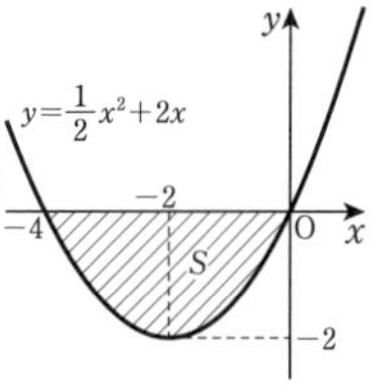

$$S=-\int_{-4}^0\left(\frac{1}{2}x^2+2x\right)dx$$

$=-\left[\dfrac{1}{6}x^3+x^2\right]_{-4}^{0}$

$=-\left[0-\left\{\dfrac{1}{6}\times(-4)^3+(-4)^2\right\}\right]$

$=\mathbf{\dfrac{16}{3}}$

(3) 放物線 $y=3x^2-6$ と x 軸の共有点の x 座標は $3x^2-6=0$ より

$x^2=2$

$x=\pm\sqrt{2}$

よって，求める面積 S は

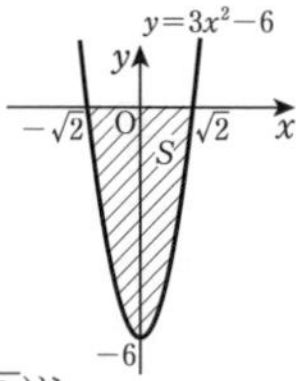

$S=-\displaystyle\int_{-\sqrt{2}}^{\sqrt{2}}(3x^2-6)\,dx$

$=-\left[x^3-6x\right]_{-\sqrt{2}}^{\sqrt{2}}$

$=-[\{(\sqrt{2})^3-6\times\sqrt{2}\}$

$-\{(-\sqrt{2})^3-6\times(-\sqrt{2})\}]$

$=\mathbf{8\sqrt{2}}$

(4) 放物線 $y=x^2-4x+3$ と x 軸の共有点の x 座標は $x^2-4x+3=0$ より

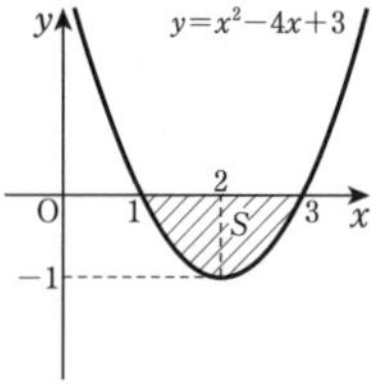

$(x-1)(x-3)=0$

$x=1,\ 3$

よって，求める面積 S は

$S=-\displaystyle\int_{1}^{3}(x^2-4x+3)\,dx$

$=-\left[\dfrac{1}{3}x^3-2x^2+3x\right]_{1}^{3}$

$=-\left\{\left(\dfrac{1}{3}\times3^3-2\times3^2+3\times3\right)\right.$

$\left.-\left(\dfrac{1}{3}\times1^3-2\times1^2+3\times1\right)\right\}$

$=\mathbf{\dfrac{4}{3}}$

350 (1) 区間 $-2\leqq x\leqq1$ では

$x^2+9\geqq2x^2$

であるから

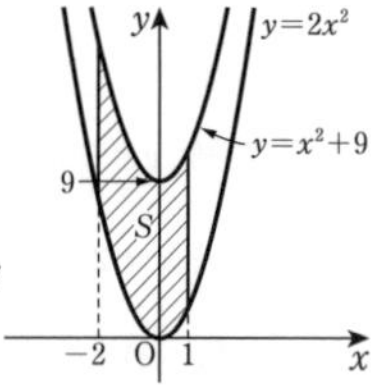

$S=\displaystyle\int_{-2}^{1}\{(x^2+9)-2x^2\}\,dx$

$=\displaystyle\int_{-2}^{1}(-x^2+9)\,dx$

$=\left[-\dfrac{1}{3}x^3+9x\right]_{-2}^{1}$

$=\left(-\dfrac{1}{3}\times1^3+9\times1\right)$

$-\left\{-\dfrac{1}{3}\times(-2)^3+9\times(-2)\right\}$

$=\mathbf{24}$

(2) 区間 $2\leqq x\leqq3$ では

$-x^2+4x-4\geqq$

x^2-6x+4

であるから

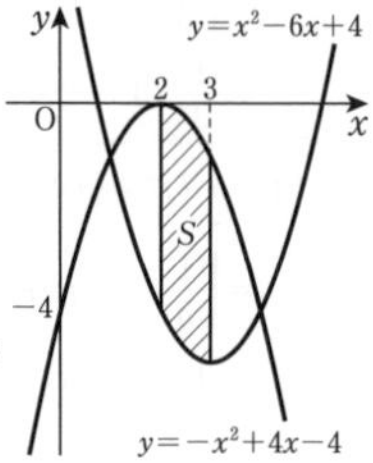

$S=\displaystyle\int_{2}^{3}\{(-x^2+4x-4)$

$-(x^2-6x+4)\}\,dx$

$=\displaystyle\int_{2}^{3}(-2x^2+10x$

$-8)\,dx$

$=\left[-\dfrac{2}{3}x^3+5x^2-8x\right]_{2}^{3}$

$=\left(-\dfrac{2}{3}\times3^3+5\times3^2-8\times3\right)$

$-\left(-\dfrac{2}{3}\times2^3+5\times2^2-8\times2\right)$

$=\mathbf{\dfrac{13}{3}}$

351 (1) 放物線 $y=x^2-2x-1$ と直線 $y=x-1$ の共有点の x 座標は

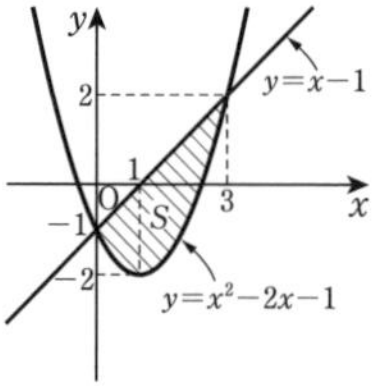

$x^2-2x-1=x-1$

$x^2-3x=0$

$x(x-3)=0$

$x=0,\ 3$

区間 $0\leqq x\leqq3$ で $x-1\geqq x^2-2x-1$

よって，求める面積 S は

$S=\displaystyle\int_{0}^{3}\{(x-1)-(x^2-2x-1)\}\,dx$

$=\displaystyle\int_{0}^{3}(-x^2+3x)\,dx$

$=\left[-\dfrac{1}{3}x^3+\dfrac{3}{2}x^2\right]_{0}^{3}$

$=\left(-\dfrac{1}{3}\times3^3+\dfrac{3}{2}\times3^2\right)-0$

$=\mathbf{\dfrac{9}{2}}$

(2) 放物線 $y=-x^2-x+4$ と直線 $y=-3x+1$ の共有点の x 座標は

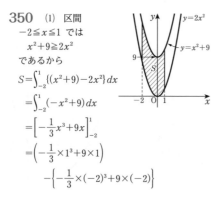

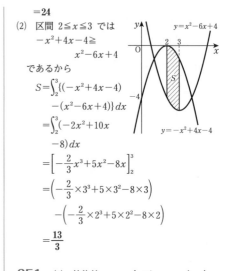

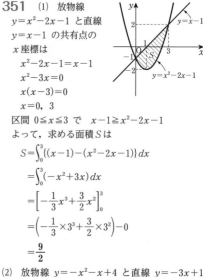

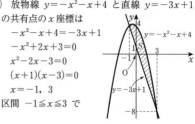

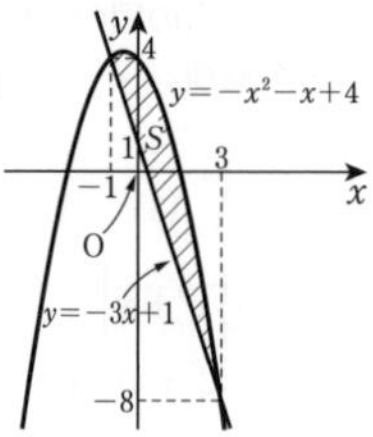

$-x^2-x+4=-3x+1$

$-x^2+2x+3=0$

$x^2-2x-3=0$

$(x+1)(x-3)=0$

$x=-1,\ 3$

区間 $-1\leqq x\leqq3$ で

$-x^2-x+4 \geqq -3x+1$

よって，求める面積 S は

$$S=\int_{-1}^{3}\{(-x^2-x+4)-(-3x+1)\}dx$$
$$=\int_{-1}^{3}(-x^2+2x+3)dx$$
$$=\left[-\frac{1}{3}x^3+x^2+3x\right]_{-1}^{3}$$
$$=\left(-\frac{1}{3}\times3^3+3^2+3\times3\right)$$
$$-\left\{-\frac{1}{3}\times(-1)^3+(-1)^2+3\times(-1)\right\}$$
$$=\boldsymbol{\frac{32}{3}}$$

352 (1) 放物線 $y=x^2-4$ と x 軸の共有点の x 座標は $x^2-4=0$ より

$x=\pm2$

区間 $-2 \leqq x \leqq 2$ で

$y \leqq 0$

区間 $2 \leqq x \leqq 3$ で

$y \geqq 0$

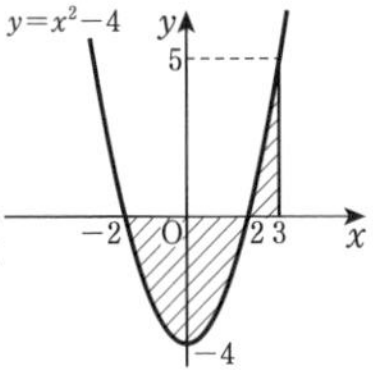

よって，求める面積 S は

$$S=-\int_{-2}^{2}(x^2-4)dx+\int_{2}^{3}(x^2-4)dx$$
$$=-\left[\frac{1}{3}x^3-4x\right]_{-2}^{2}+\left[\frac{1}{3}x^3-4x\right]_{2}^{3}$$
$$=-\left[\left(\frac{1}{3}\times2^3-4\times2\right)-\left\{\frac{1}{3}\times(-2)^3-4\times(-2)\right\}\right]$$
$$+\left(\frac{1}{3}\times3^3-4\times3\right)-\left(\frac{1}{3}\times2^3-4\times2\right)$$
$$=\boldsymbol{13}$$

(2) 放物線 $y=x^2-6x+8$ と x 軸の共有点の x 座標は $x^2-6x+8=0$ より

$(x-2)(x-4)=0$

$x=2,\ 4$

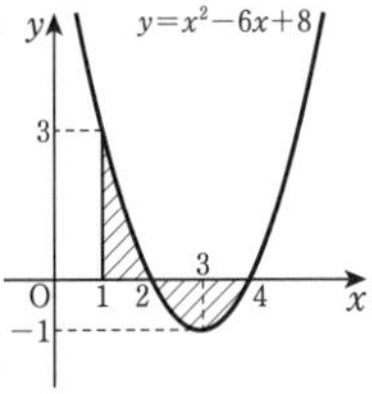

区間 $1 \leqq x \leqq 2$ で $y \geqq 0$

区間 $2 \leqq x \leqq 4$ で $y \leqq 0$

よって，求める面積 S は

$$S=\int_{1}^{2}(x^2-6x+8)dx-\int_{2}^{4}(x^2-6x+8)dx$$
$$=\left[\frac{1}{3}x^3-3x^2+8x\right]_{1}^{2}-\left[\frac{1}{3}x^3-3x^2+8x\right]_{2}^{4}$$
$$=\left(\frac{1}{3}\times2^3-3\times2^2+8\times2\right)$$
$$-\left(\frac{1}{3}\times1^3-3\times1^2+8\times1\right)$$
$$-\left\{\left(\frac{1}{3}\times4^3-3\times4^2+8\times4\right)\right.$$
$$\left.-\left(\frac{1}{3}\times2^3-3\times2^2+8\times2\right)\right\}$$
$$=\frac{8}{3}-12+16-\left(\frac{1}{3}-3+8\right)$$
$$-\left\{\frac{64}{3}-48+32-\left(\frac{8}{3}-12+16\right)\right\}$$
$$=\boldsymbol{\frac{8}{3}}$$

353 放物線 $y=x^2-2ax$ と x 軸の共有点の x 座標は $x^2-2ax=0$ より

$x(x-2a)=0$

$x=0,\ 2a$

区間 $0 \leqq x \leqq 2a$ で $x^2-2ax \leqq 0$ より

放物線 $y=x^2-2ax$ と x 軸で囲まれた部分の面積 S は

$$S=-\int_{0}^{2a}(x^2-2ax)dx$$
$$=-\left[\frac{1}{3}x^3-ax^2\right]_{0}^{2a}$$
$$=-\left\{\frac{1}{3}\times(2a)^3-a\times(2a)^2-0\right\}$$
$$=\frac{4}{3}a^3$$

$\frac{4}{3}a^3=\frac{9}{16}$ より

$a^3=\frac{27}{64}$

$a>0$ より　$\boldsymbol{a=\frac{3}{4}}$

354 (1) $f(x)=x^2$ とおくと

$f'(x)=2x$

$f'(2)=2\times2=4$

よって，点 $(2,\ 4)$ における接線の方程式は

$y-4=4(x-2)$ より

$\boldsymbol{y=4x-4}$

(2) 直線 $y=4x-4$ と x 軸との共有点の x 座標は $4x-4=0$ より

$x=1$

区間 $1 \leqq x \leqq 2$ で

$x^2 \geqq 4x-4$

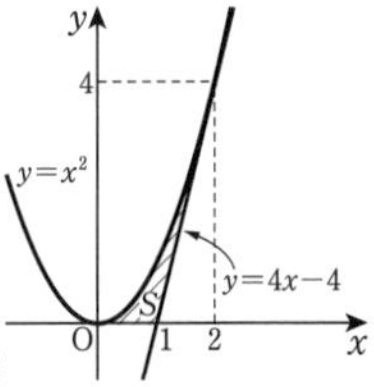

よって，求める面積 S は

$$S=\int_0^1 x^2dx+\int_1^2\{x^2-(4x-4)\}dx$$
$$=\int_0^1 x^2dx+\int_1^2(x^2-4x+4)dx$$
$$=\left[\frac{1}{3}x^3\right]_0^1+\left[\frac{1}{3}x^3-2x^2+4x\right]_1^2$$
$$=\left(\frac{1}{3}\times1^3-0\right)+\left(\frac{1}{3}\times2^3-2\times2^2+4\times2\right)$$
$$-\left(\frac{1}{3}\times1^3-2\times1^2+4\times1\right)$$
$$=\boldsymbol{\frac{2}{3}}$$

355 (1) 放物線 $y=x^2-2x-3$ と x 軸の共有点の x 座標は　$x^2-2x-3=0$ より

$(x+1)(x-3)=0$

$x=-1,\ 3$

$f(x)=x^2-2x-3$ とおくと

$f'(x)=2x-2$

点 $(-1,\ 0)$ における接線の方程式は

$f'(-1)=-4$ より

$y=-4(x+1)$

$y=-4x-4$

点 $(3,\ 0)$ における接線の方程式は

$f'(3)=4$ より

$y=4(x-3)$

$y=4x-12$

よって，2 つの接線の方程式は

$\boldsymbol{y=-4x-4}$ と

$\boldsymbol{y=4x-12}$

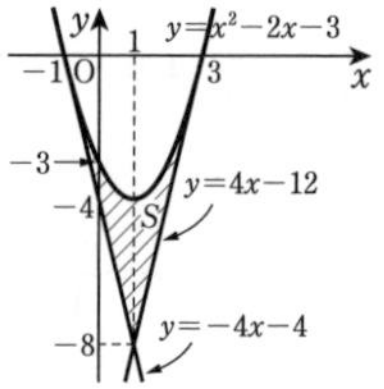

(2) 2 つの接線

$y=-4x-4$ と

$y=4x-12$ の

共有点の x 座標は

$-4x-4=4x-12$

$-8x=-8$

$x=1$

よって，求める面積 S は

$$S=\int_{-1}^1\{(x^2-2x-3)-(-4x-4)\}dx$$
$$+\int_1^3\{(x^2-2x-3)-(4x-12)\}dx$$
$$=\int_{-1}^1(x^2+2x+1)dx$$
$$+\int_1^3(x^2-6x+9)dx$$
$$=\left[\frac{1}{3}x^3+x^2+x\right]_{-1}^1+\left[\frac{1}{3}x^3-3x^2+9x\right]_1^3$$
$$=\left(\frac{1}{3}\times1^3+1^2+1\right)-\left\{\frac{1}{3}\times(-1)^3+(-1)^2+(-1)\right\}$$
$$+\left(\frac{1}{3}\times3^3-3\times3^2+9\times3\right)$$
$$-\left(\frac{1}{3}\times1^3-3\times1^2+9\times1\right)$$
$$=\boldsymbol{\frac{16}{3}}$$

356 (1) 2 つの放物線 $y=2x^2$ と $y=x^2+1$ の共有点の x 座標は

$2x^2=x^2+1$ より

$x^2=1$

$x=\pm1$

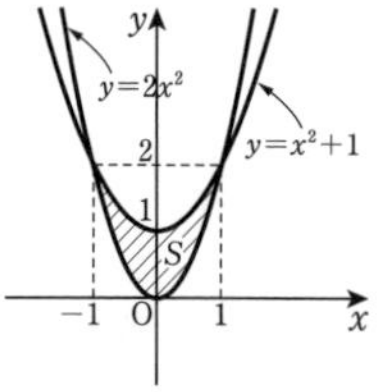

区間 $-1\leqq x\leqq 1$ で

$x^2+1\geqq 2x^2$

よって，求める面積 S は

$$S=\int_{-1}^1\{(x^2+1)-2x^2\}dx$$
$$=\int_{-1}^1(-x^2+1)dx$$
$$=\left[-\frac{1}{3}x^3+x\right]_{-1}^1$$
$$=\left(-\frac{1}{3}\times1^3+1\right)-\left\{-\frac{1}{3}\times(-1)^3+(-1)\right\}$$
$$=\boldsymbol{\frac{4}{3}}$$

(2) 2 つの放物線 $y=x^2-4x+2$ と $y=-x^2+2x-2$ の共有点の x 座標は

x^2-4x+2

$=-x^2+2x-2$ より

$2x^2-6x+4=0$

$2(x-1)(x-2)=0$

$x=1,\ 2$

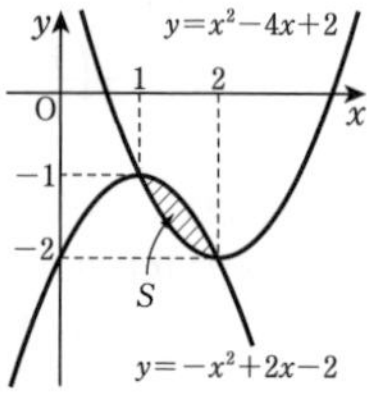

区間 $1\leqq x\leqq 2$ で

$-x^2+2x-2\geqq x^2-4x+2$

よって，求める面積 S は

$$S=\int_1^2\{(-x^2+2x-2)-(x^2-4x+2)\}dx$$
$$=\int_1^2(-2x^2+6x-4)dx$$
$$=\left[-\frac{2}{3}x^3+3x^2-4x\right]_1^2$$
$$=\left(-\frac{2}{3}\times2^3+3\times2^2-4\times2\right)$$
$$-\left(-\frac{2}{3}\times1^3+3\times1^2-4\times1\right)$$

$=\mathbf{\dfrac{1}{3}}$

357 $y=x(x+3)(x-1)$
のグラフと x 軸の共有点の x 座標は

$x(x+3)(x-1)=0$

より　$x=-3,\ 0,\ 1$
区間 $-3\leqq x\leqq 0$ で $y\geqq 0$
区間 $0\leqq x\leqq 1$ で $y\leqq 0$

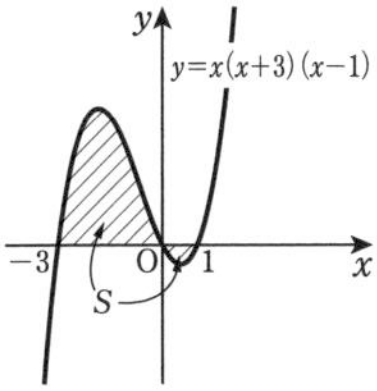

よって

$S=\int_{-3}^{0}x(x+3)(x-1)\,dx-\int_{0}^{1}x(x+3)(x-1)\,dx$

$=\int_{-3}^{0}(x^3+2x^2-3x)\,dx-\int_{0}^{1}(x^3+2x^2-3x)\,dx$

$=\left[\frac{1}{4}x^4+\frac{2}{3}x^3-\frac{3}{2}x^2\right]_{-3}^{0}-\left[\frac{1}{4}x^4+\frac{2}{3}x^3-\frac{3}{2}x^2\right]_{0}^{1}$

$=0-\left\{\frac{1}{4}\times(-3)^4+\frac{2}{3}\times(-3)^3-\frac{3}{2}\times(-3)^2\right\}$

$\qquad-\left\{\left(\frac{1}{4}\times1^4+\frac{2}{3}\times1^3-\frac{3}{2}\times1^2\right)-0\right\}$

$=\mathbf{\dfrac{71}{6}}$

358 $f(x)=x^3-3x^2+3x-1$ とおくと

$f'(x)=3x^2-6x+3$

$f'(0)=3$ より，関数 $y=x^3-3x^2+3x-1$ のグラフ上の点 $(0,\ -1)$ における接線の方程式は

$y+1=3(x-0)$

より　$y=3x-1$
この接線と，
関数 $y=x^3-3x^2+3x-1$ のグラフの共有点の x 座標は，方程式

$x^3-3x^2+3x-1=3x-1$

すなわち　$x^3-3x^2=0$ の解である。
因数分解して　$x^2(x-3)=0$
より　$x=0,\ 3$
グラフは右の図のようになるから

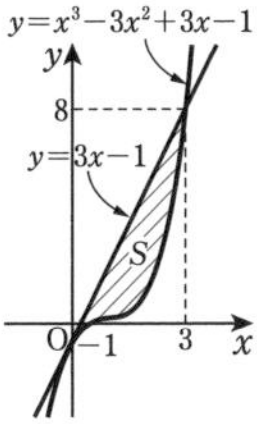

$S=\int_{0}^{3}\{(3x-1)-(x^3-3x^2+3x-1)\}\,dx$

$=\int_{0}^{3}(-x^3+3x^2)\,dx$

$=\left[-\frac{1}{4}x^4+x^3\right]_{0}^{3}=-\frac{1}{4}\times3^4+3^3=\mathbf{\dfrac{27}{4}}$

359 (1)　$x-3\geqq 0$　すなわち　$x\geqq 3$ のとき

$|x-3|=x-3$

$x-3\leqq 0$　すなわち　$x\leqq 3$ のとき

$|x-3|=-(x-3)=-x+3$

よって，求める定積分は

$\int_{0}^{4}|x-3|\,dx$

$=\int_{0}^{3}|x-3|\,dx+\int_{3}^{4}|x-3|\,dx$

$=\int_{0}^{3}(-x+3)\,dx+\int_{3}^{4}(x-3)\,dx$

$=\left[-\frac{1}{2}x^2+3x\right]_{0}^{3}+\left[\frac{1}{2}x^2-3x\right]_{3}^{4}$

$=\left(-\frac{1}{2}\times3^2+3\times3\right)-0$

$\qquad+\left(\frac{1}{2}\times4^2-3\times4\right)-\left(\frac{1}{2}\times3^2-3\times3\right)$

$=\mathbf{5}$

(2)　$2x-3\geqq 0$　すなわち　$x\geqq\frac{3}{2}$ のとき

$|2x-3|=2x-3$

$2x-3\leqq 0$　すなわち　$x\leqq\frac{3}{2}$ のとき

$|2x-3|=-(2x-3)=-2x+3$

よって，求める定積分は

$\int_{0}^{3}|2x-3|\,dx$

$=\int_{0}^{\frac{3}{2}}|2x-3|\,dx+\int_{\frac{3}{2}}^{3}|2x-3|\,dx$

$=\int_{0}^{\frac{3}{2}}(-2x+3)\,dx+\int_{\frac{3}{2}}^{3}(2x-3)\,dx$

$=\left[-x^2+3x\right]_{0}^{\frac{3}{2}}+\left[x^2-3x\right]_{\frac{3}{2}}^{3}$

$=\left\{-\left(\frac{3}{2}\right)^2+3\times\frac{3}{2}\right\}-0+(3^2-3\times3)-\left\{\left(\frac{3}{2}\right)^2-3\times\frac{3}{2}\right\}$

$=\mathbf{\dfrac{9}{2}}$

360 (1)　$x^2-4\geqq 0$ のとき

$(x+2)(x-2)\geqq 0$ より　$x\leqq -2,\ 2\leqq x$

$x^2-4\leqq 0$ のとき

$(x+2)(x-2)\leqq 0$ より　$-2\leqq x\leqq 2$

よって

$x\leqq -2,\ 2\leqq x$ のとき　$|x^2-4|=x^2-4$

$-2\leqq x\leqq 2$ のとき

$|x^2-4|=-(x^2-4)=-x^2+4$

ゆえに

$\int_{0}^{3}|x^2-4|\,dx$

$=\int_{0}^{2}|x^2-4|\,dx+\int_{2}^{3}|x^2-4|\,dx$

$=\int_0^2(-x^2+4)\,dx+\int_2^3(x^2-4)\,dx$

$=\left[-\dfrac{1}{3}x^3+4x\right]_0^2+\left[\dfrac{1}{3}x^3-4x\right]_2^3$

$=\left(-\dfrac{1}{3}\times2^3+4\times2\right)-0$

$\qquad+\left(\dfrac{1}{3}\times3^3-4\times3\right)-\left(\dfrac{1}{3}\times2^3-4\times2\right)$

$=\boldsymbol{\dfrac{23}{3}}$

(2)　$x^2-x-2\geqq0$ のとき

$(x+1)(x-2)\geqq0$ より　$x\leqq-1$，$2\leqq x$

$x^2-x-2\leqq0$ のとき

$(x+1)(x-2)\leqq0$ より　$-1\leqq x\leqq2$

よって

$x\leqq-1$，$2\leqq x$ のとき　$|x^2-x-2|=x^2-x-2$

$-1\leqq x\leqq2$ のとき

$|x^2-x-2|=-(x^2-x-2)=-x^2+x+2$

ゆえに

$\int_{-2}^1|x^2-x-2|\,dx$

$=\int_{-2}^{-1}|x^2-x-2|\,dx+\int_{-1}^1|x^2-x-2|\,dx$

$=\int_{-2}^{-1}(x^2-x-2)\,dx+\int_{-1}^1(-x^2+x+2)\,dx$

$=\left[\dfrac{1}{3}x^3-\dfrac{1}{2}x^2-2x\right]_{-2}^{-1}+\left[-\dfrac{1}{3}x^3+\dfrac{1}{2}x^2+2x\right]_{-1}^1$

$=\left(-\dfrac{1}{3}-\dfrac{1}{2}+2\right)-\left(-\dfrac{8}{3}-2+4\right)$

$\qquad+\left(-\dfrac{1}{3}+\dfrac{1}{2}+2\right)-\left(\dfrac{1}{3}+\dfrac{1}{2}-2\right)$

$=\boldsymbol{\dfrac{31}{6}}$

361　(1)　2次関数 $y=-x^2+x+2$ と x 軸の共有点の x 座標は

$-x^2+x+2=0$ より

$x^2-x-2=0$

$(x+1)(x-2)=0$

$x=-1$，2

よって，求める面積 S は

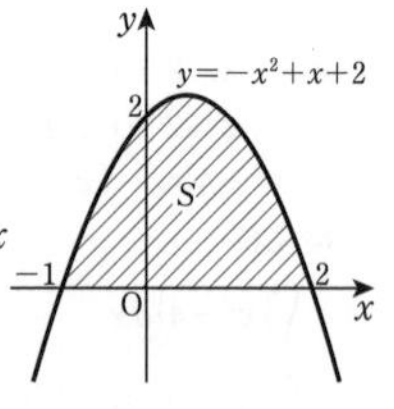

$S=\int_{-1}^2(-x^2+x+2)\,dx$

$=-\int_{-1}^2(x^2-x-2)\,dx$

$=-\int_{-1}^2(x+1)(x-2)\,dx$

$=-\left[-\dfrac{1}{6}\{2-(-1)\}^3\right]$

$=\boldsymbol{\dfrac{9}{2}}$

(2)　2次関数 $y=x^2-2x-1$ と x 軸の共有点の x 座標は　$x^2-2x-1=0$ を解くと

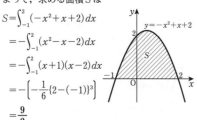

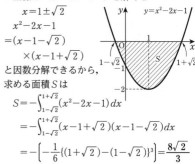

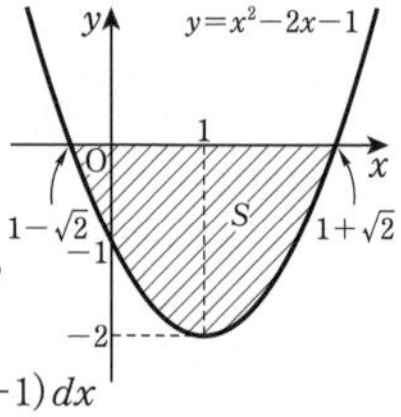

$x=1\pm\sqrt{2}$

x^2-2x-1

$=(x-1-\sqrt{2})$

$\quad\times(x-1+\sqrt{2})$

と因数分解できるから，

求める面積 S は

$S=-\int_{1-\sqrt{2}}^{1+\sqrt{2}}(x^2-2x-1)\,dx$

$=-\int_{1-\sqrt{2}}^{1+\sqrt{2}}(x-1+\sqrt{2})(x-1-\sqrt{2})\,dx$

$=-\left[-\dfrac{1}{6}\{(1+\sqrt{2})-(1-\sqrt{2})\}^3\right]=\boldsymbol{\dfrac{8\sqrt{2}}{3}}$

362　グラフから S_1 は

$S_1=-\int_0^2(x^2-2x)\,dx$

$=-\left[\dfrac{1}{3}x^3-x^2\right]_0^2=-\left(\dfrac{8}{3}-4\right)=\dfrac{4}{3}$

また S_2 は

$S_2=\int_2^a(x^2-2x)\,dx$

$=\left[\dfrac{1}{3}x^3-x^2\right]_2^a$

$=\dfrac{a^3}{3}-a^2-\left(\dfrac{8}{3}-4\right)=\dfrac{a^3}{3}-a^2+\dfrac{4}{3}$

求める a は　$S_1=S_2$ の解であるから

$\dfrac{a^3}{3}-a^2+\dfrac{4}{3}=\dfrac{4}{3}$

$\dfrac{a^3}{3}-a^2=0$

$a^3-3a^2=0$

$a^2(a-3)=0$

ゆえに　$a=0$，3

$a>2$ より　$\boldsymbol{a=3}$